职业教育机电类专业教学用书

电子技术与技能

DIANZI JISHU YU JINENG

仲伟杨 林 红 主 编

高等教育出版社·北京

内容简介

本书参照职业院校机电类专业教学标准中的"电子技术与技能"课程的相关要求,并结合近年来制造业中涌现的先进技术和我国制造业取得的新成就编写而成。

本书的主要内容包括整流电路的制作与调试、音频放大电路的制作与调试、振荡电路的制作与调试、直流稳压电源的制作与调试、组合逻辑电路的制作与调试、时序逻辑电路的制作与调试、电子技术综合应用电路的制作与调试,共七个单元。

本书配有 Abook 资源,按照本书最后一页"郑重声明"下方使用说明,登录网站(http://abook.hep.com.cn/sve),可获取相关资源。

本书可作为职业院校机电类专业的教材,也可以作为相关企业的培训用书。

图书在版编目(CIP)数据

电子技术与技能/仲伟杨,林红主编.---北京:高等教育出版社,2021.11

ISBN 978-7-04-057478-4

Ⅰ.①电… Ⅱ.①仲…②林… Ⅲ.①电子技术-高等职业教育-教材 Ⅳ.①TN

中国版本图书馆 CIP 数据核字(2021)第 259790 号

策划编辑	王佳玮	责任编辑	王佳玮	封面设计	张志奇	版式设计	杨 树
插图绘制	李沛蓉	责任校对	刘丽娴	责任印制	赵 振		

出版发行	高等教育出版社	网 址	http://www.hep.edu.cn
社 址	北京市西城区德外大街 4 号		http://www.hep.com.cn
邮政编码	100120	网上订购	http://www.hepmall.com.cn
印 刷	天津鑫丰华印务有限公司		http://www.hepmall.com
开 本	889mm×1194mm 1/16		http://www.hepmall.cn
印 张	16.25		
字 数	320 千字	版 次	2021 年 11 月第 1 版
购书热线	010-58581118	印 次	2021 年 11 月第 1 次印刷
咨询电话	400-810-0598	定 价	44.70 元

本书参照职业院校机电类专业教学标准中的"电子技术与技能"课程的相关要求,并结合近年来制造业中涌现的先进技术和我国制造业取得的新成就编写而成。

本书共有七个教学单元,其中单元一至单元四为模拟电路部分,单元五至单元六为数字电路部分,单元七为电子技术的综合应用。本书编写坚持理论知识与实际应用相结合,理论知识以"必需""够用"为原则,有一定的系统性,适当降低理论知识难度,注重对学生知识应用能力的培养。本书在内容编排上,突出对元器件实物的认知,增强学生的感性认识,尽可能实现学习内容深入浅出、形象生动。本书编写过程中力求体现以下的特色。

(1)教学内容的实用性和系统性相统一。在教学内容的编排上特别注意增强实用性的同时尽可能不打破知识体系,必要时对知识内容进行补充以弥补系统性不足。

(2)"教"与"学"相统一。本书的定位是"教"和"学"一体,注重教材与学生作为学习主体的内在关系,把"教材"转变为"学材"。

(3)"做"与"学"相统一。本书的每一个教学任务中均有"知识准备"和"任务实施"两个部分,学生可以边做边学、边学边做,实现理论知识与实践技能学习的有机融合,可以有效降低学习难度,有利于综合应用能力的培养。

本书在教学实践中应注意以下几点:

(1)在教学实施过程中,单元七的综合应用内容应以实训周的形式安排,强化技能训练。

(2)应统筹考虑教学实施中的时空变换,使电子技术的理论学习和技能训练与生产实际相结合,将实际工具、仪表使用的规范融入教学,引导学生制作典型的电子产品。

本书建议学时为 124 学时,分配建议见下表。

单元	课题	建议学时	
整流电路的制作与调试	二极管整流与滤波电路的制作与测试	10	16
	晶闸管应用电路的制作与调试	6	
放大电路的制作与调试	基本放大电路的制作与测试	18	24
	音频功率放大电路的制作与调试	6	

续表

单元	课题	建议学时	
振荡电路的制作与调试	集成运放应用电路的制作与测试	4	8
	正弦波振荡电路的制作与调试	4	
直流稳压电源的制作与调试	分立元件稳压电源的制作与调试	4	8
	集成稳压电源的制作与调试	4	
组合逻辑电路的制作与调试	简单组合门电路的制作与调试	10	18
	中规模集成门电路制作与调试	8	
时序逻辑电路的制作与调试	触发器应用电路的制作与调试	10	20
	计数器应用电路的制作与调试	10	
电子技术综合应用电路的制作与调试			30

本书由江苏省相城中等专业学校仲伟杨、重庆市江南职业技术学校林红主编。具体编写分工如下：仲伟杨编写单元一、单元二及单元五，江苏省赣榆中等专业学校单芝静编写单元三，江苏省赣榆中等专业学校李亮编写单元六，江苏省相城中等专业学校王海红编写单元四，林红编写单元七及部分实训内容。本书由常州刘国钧高等职业技术学校王猛担任主审。

本书是校企合作教材，山东比特智能股份有限公司的谢建为本书提供了技术支持。在本书编写过程中，编者参阅了国内外出版的有关教材和资料。在此一并表示衷心感谢！

由于编者水平有限，书中不妥之处在所难免，恳请读者批评指正。读者意见反馈信箱：zz_dzyj@ pub. hep. cn。

编者
2021 年 5 月

目 录

整流电路的制作与调试

学习目标

1. 熟识二极管器件的外形和符号。

2. 理解二极管的单向导电性,了解二极管的主要参数及伏安特性。

3. 会用万用表检测和判别二极管的质量。

4. 了解光电器件的种类、用途和主要特性。

5. 熟悉单相整流电路及滤波电路的组成,了解整流滤波电路的作用及工作原理。

6. 会计算单相整流滤波电路的输出电压及电流,能合理选用整流器件。

7. 会用仪器仪表测量整流、滤波电路的电量参数和波形。

8. 了解晶闸管的图形符号与文字符号,了解晶闸管的基本结构、工作原理和主要参数。

9. 能识别常用晶闸管,能对晶闸管进行简单的检测。

10. 了解单相可控整流电路的组成,理解可控整流的工作原理。

11. 会制作调光台灯电路,会用相关仪器仪表对调光电路进行调试与测量。

课题一

二极管整流与滤波电路的制作与测试

课题描述

在本课题中我们要识别常见二极管,学会用万用表检测常见二极管,并判断二极管质量好坏;根据原理图完成常见整流滤波电路的装接,用万用表、示波器对整流滤波电路进行测试,并结合测试结果分析电路工作原理。

知识目标

1. 熟识二极管器件的外形和图形符号。

2. 理解二极管的单向导电性,了解二极管的主要参数及伏安特性。

3. 了解光电器件的种类、用途和主要特性。

4. 熟悉单相整流电路及滤波电路的组成,了解整流滤波电路的作用及工作原理。

技能目标

1. 会用万用表检测和判别二极管的质量好坏。

2. 会计算单相整流滤波电路的输出电压及电流,能合理选用整流器件。

3. 会用仪器仪表测量整流、滤波电路的电量参数和波形。

任务一　二极管的识别与检测 >>>

知识准备

自然界有一种物质的导电能力介于导体和绝缘体之间,这种物质称为半导体,如硅(Si)、锗(Ge)等。用这种半导体材料制作的器件统称为半导体器件,其中二极管、三极管、晶闸管是常见的半导体器件。

1. 二极管的外形、结构及图形符号

二极管是最简单的半导体器件,广泛应用于各类电子产品中,图1-1-1所示为各种常用的二极管外形。

二极管的外形虽然各有不同,但内部结构是相似的,都是由掺入特定微量元素的半导体

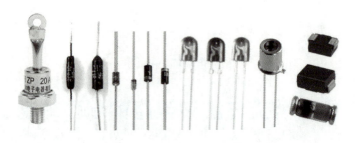

图 1-1-1   常见的二极管外形

制作的。这种掺入特定微量元素的半导体被称为杂质半导体,根据掺入微量元素的不同分为 P 型半导体和 N 型半导体。将 P 型半导体和 N 型半导体经特殊工艺紧密结合时,就会在二者交界处形成一个具有特殊性质的薄层,称为 PN 结,PN 结具有单向导电性。二极管的核心部分就是一个 PN 结,图 1-1-2a 所示即为二极管的内部结构。

为了能使二极管与外电路进行可靠连接,在 P 区和 N 区两端分别引出两个电极引线,和 P 区相连的电极为正极,又称为阳极;和 N 区相连的电极为负极,又称为阴极。二极管的图形符号如图 1-1-2b 所示,其箭头方向代表 PN 结加正向电压时导通电流的方向,二极管的文字符号用"VD"表示。

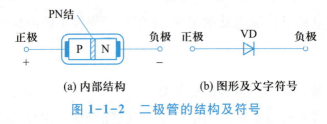

(a) 内部结构   (b) 图形及文字符号

图 1-1-2   二极管的结构及符号

2. 二极管的分类

1)按材料不同可分为硅二极管和锗二极管。

2)按 PN 结面积不同可分为点接触型二极管和面接触型二极管。点接触型二极管适于制作高频检波和数字电路里的开关元件,也可用于小电流整流;面接触型二极管适于整流,而不宜用于高频电路中。

3)按用途不同可分为普通二极管、整流二极管、开关二极管、稳压二极管、发光二极管、光敏二极管、变容二极管等。

3. 常用二极管极性的识别

(1)普通直插式二极管极性的识别

如图 1-1-3 所示,可以看到这些二极管上都有一个色环,表示该端所连接的引脚为二极管的负极。

(2)发光二极管极性的识别

如图 1-1-4 所示,全新的发光二极管引脚正极比负极长,或者看发光二极管管体有两块独立的金属,其中面积较大的为负极,面积较小的为正极。

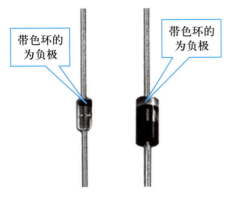

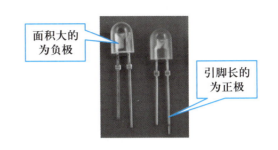

图 1-1-3　普通直插式二极管　　　　　　　　　图 1-1-4　发光二极管

（3）大功率二极管

如图 1-1-5 所示,大功率二极管管壳上印有二极管图形符号,可以直接根据符号标注的极性判别。

（4）贴片二极管

如图 1-1-6 所示,贴片二极管有色点或色环标识的一侧为二极管负极。

图 1-1-5　大功率二极管　　　　　　　　　图 1-1-6　贴片二极管

4. 二极管的型号

国产二极管的型号命名方法见表 1-1-1。

表 1-1-1　国产二极管的型号命名方法

第一部分		第二部分		第三部分				第四部分	第五部分
用数字表示器件电极数目		用汉语拼音字母表示器件的材料和极性		用汉语拼音字母表示器件的类型				用数字表示器件的序号	用汉语拼音字母表示规格号
符号	意义	符号	意义	符号	意义	符号	意义		
2	二极管	A	N 型锗材料	P	普通管	C	参量管	反映二极管参数的差别	反映二极管承受反向击穿电压的高低,如 A、B、C、D……其中 A 承受的反向击穿电压最低,B 稍高,依次类推
		B	P 型锗材料	Z	整流管	U	光电器件		
		C	N 型硅材料	W	稳压管	N	阻尼管		
		D	P 型硅材料	K	开关管	BT	半导体特殊器件		
		E	化合物	L	整流堆				

例：

二极管的型号命名示例如下。

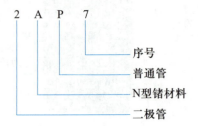
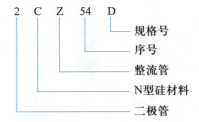

5. 二极管的主要参数

为定量描述二极管的性能，常采用以下主要参数。

1）最大整流电流 I_{FM} 是二极管长期运行时允许通过的最大正向平均电流。它的数值与 PN 结的面积和外部散热条件有关。实际工作时，二极管的正向平均电流不得超过此值，否则二极管可能因过热而损坏。

2）最高反向工作电压 U_{RM} 是二极管正常工作所允许外加的最高反向电压。通常取二极管反向击穿电压的 $1/2\sim1/3$。

3）反向饱和电流 I_R 是指二极管加规定反向工作电压的情况下，通过二极管的反向电流值。此值越小，说明二极管的单向导电性能越好。反向电流受温度的影响很大，温度越高反向电流越大。一般硅管的反向电流要比锗管小，即硅管的热稳定性要比锗管好。

4）最高工作频率 f_M 是二极管工作的上限频率。超过此值时，由于结电容的作用，二极管将不能很好地体现单向导电性。二极管结电容越大，则最高工作频率越低。一般小电流二极管的最高工作频率高达几百兆赫，而大电流整流管的最高工作频率只有几千赫。

二极管的参数可以从二极管器件手册中查到，这些参数是我们选用器件和设计电路的重要依据。不同类型的二极管，其参数内容和参数值是不同的，即使是同一型号的二极管，它们的参数值也存在较大差异。此外，在查阅参数时还应注意它们的测试条件，当使用条件与测试条件不同时，参数也会发生变化。

当设备中的二极管损坏时，最好换上同型号的新管。如实在没有同型号二极管，可选用 I_{FM}、U_{RM}、f_M 三项主要参数满足要求的其他型号的二极管代用。代用管只要能满足电路要求即可，并非一定要比原管各项指标都高才行。应注意硅管与锗管在特性上是有差异的，一般不宜互相替换。

表 1-1-2 列出了几种典型二极管的主要参数。

表 1-1-2 几种典型二极管的主要参数

型号	最大整流电流 I_{FM}/mA	最高反向工作电压 U_{RM}/V	反向饱和电流 $I_R/\mu A$	最高工作频率 f_M/MHz	主要用途
2AP1	16	20		150	检波管
2CK84	100	≥30	≤1		开关管
2CP31	250	25	≤300		整流管
2CZ11D	1 000	300	≤0.6		整流管

任务实施

1. 二极管的单向导电性测试

（1）电路原理图

如图 1-1-7 所示，VD 为硅整流二极管（1N4007），R 为 2 kΩ 的电阻，H 为 2.5 W 的小灯泡，电源 12 V。观察灯亮的情况。

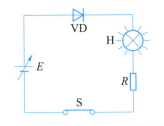
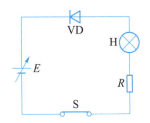

(a) 加一定的正向电压，二极管导通　　　(b) 加反向电压，二极管截止

图 1-1-7 二极管单向导电性测试电路

（2）主要仪器、仪表、工具

0～30 V 直流稳压电源 1 台，普通万用表（作电流表和电压表使用）1 只，通用电路板 1 块，镊子 1 把。

（3）电路装接

在通用电路板上按图 1-1-7 正确插装元器件，并用导线把它们连接好。

（4）记录实验现象

调节直流稳压电源，使输出电压为 12 V。

1）按图 1-1-7a 接入二极管，合上开关 S，灯 H＿＿＿＿＿＿＿（亮或不亮），用万用表测量二极管 VD 两端的正向电压为＿＿＿＿＿＿＿；

2）按图 1-1-7b 接入二极管，合上开关 S，灯 H＿＿＿＿＿＿＿（亮或不亮），用万用表测量二极管 VD 两端的反向电压为＿＿＿＿＿＿＿。

想一想

在图 1-1-7 中,灯泡发光的条件是什么?

图 1-1-7a 中,当二极管 VD 正极接电源的正极,负极接电源的负极,此时二极管两端所加电压称为正向电压,正极电位大于负极电位,二极管导通,灯就会发光。

反之,如图 1-1-7b 所示,当二极管 VD 正极接电源的负极,负极接电源的正极,此时二极管两端所加电压称为反向电压,正极电位小于负极电位,二极管截止,灯就不会发光。

结论:二极管在加一定的正向电压时导通,加反向电压时截止,这一特性就是二极管的单向导电性。

例:如图 1-1-8 所示电路中,当开关 S 闭合后,H1、H2 两个指示灯,哪一个可能发光?

解:由图 1-1-8 可知,开关 S 闭合后,只有二极管 VD1 正极电位高于负极电位,即处于正向导通状态,所以 H1 指示灯发光。

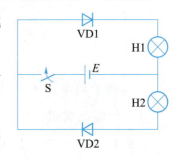

图 1-1-8　电路图

2. 二极管的伏安特性测试

二极管的伏安特性曲线是表示二极管两端的电压和流过它电流之间关系的曲线,通过伏安特性曲线可以说明二极管的工作情况。

(1) 测试电路

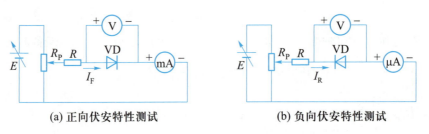

(a) 正向伏安特性测试　　　　(b) 负向伏安特性测试

图 1-1-9　二极管伏安特性测试电路

如图 1-1-9 所示,R_P 为 10 kΩ,R 为 1 kΩ,VD 为标识型号为 1N4001 的普通二极管。

(2) 仪器仪表工具

0～30 V 直流稳压电源 1 台,万用表 1 只,直流毫安表 1 只,直流微安表 1 只,直流电压表 1 只,通用电路板 1 块,镊子 1 把。

(3) 电路装接

在通用电路板上按图 1-1-9 正确插装元器件,接入测量仪表,并用导线把它们连接好,注意二极管的正负极不要接错。

(4) 测试步骤

1) 正向伏安特性。完整接好图 1-1-9a 所示电路并复查,通电检测。调节 R_P,改变二极管两端的电压值,按表 1-1-3 的要求测量各点电压和电流值,并填入表 1-1-3 中。

表 1-1-3 正向伏安特性数据表

U/V	0	0.5					
I/mA			0.5	1	2	3	5	10

2）反向伏安特性。按上述制作步骤完整接好图 1-1-9b 所示电路并复查，通电检测。调节 R_P，改变二极管两端的电压值，按表 1-1-4 的要求测量各点电压和电流值，并填入表 1-1-4 中。

表 1-1-4 反向伏安特性数据表

U/V	-1	-2	-3		-4		-5
$I/\mu A$				10		100	500	

3）根据表 1-1-3、表 1-1-4 的结果，在坐标纸上大致绘出二极管的伏安特性曲线，即 U-I 关系曲线（U 为横坐标，I 为纵坐标）。并与图 1-1-10 所示的二极管伏安特性曲线比较。

（5）实验分析

观察坐标纸上绘出的曲线和图 1-1-10 所示的曲线，可知曲线是非线性的。

1）正向伏安特性。在二极管的正向特性上，起始阶段，正向电压很小时，正向电流极小（几乎没有），二极管呈现电阻很大，仍处于截止状态，这时的曲线区域称为死区。但继续增大正向电压时，只要超过一定的数值（这个数值即为门槛电压，理论和实践证明：硅管的门槛电压约为

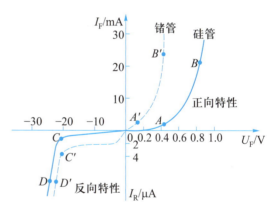

图 1-1-10 二极管伏安特性曲线

0.5 V，锗管的门槛电压约为 0.2 V），电流会随电压上升而上升，开始增加较为缓慢，以后急剧增大，二极管电阻变得很小，进入完全导通状态，这时二极管两端存在一个近似不变的电压，即为二极管正向导通电压（理论和实践证明：硅管的正向导通电压约为 0.7 V，锗管的正向导通电压约为 0.3 V）。

2）反向伏安特性。如图 1-1-10 所示的曲线，在起始的一定范围内，反向电流很小，它不随反向电压变化而变化，称为反向饱和电流 I_R，这个区域称为反向截止区。反向饱和电流是衡量二极管质量优劣的重要参数，其值越小，二极管质量越好，一般硅管的反向电流要比锗管的反向电流小得多。

当反向电压继续增大，达到某一数值时，反向电流会突然急剧增大，这种现象称为反向电击穿，简称击穿。实践证明，普通二极管发生击穿后，很大的反向电流将会造成二极管内部 PN 结的温度迅速升高而损坏，说明二极管发生了热击穿，这种现象应注意避免发生。

3. 二极管的检测

二极管具有单向导电性能,其正向电阻小,反向电阻大。测试过程中,关键是清楚所用万用表的两个表笔对应电池的电压极性。若使用的是指针式万用表,则黑表笔接的是表内电池的正极(插入"-"孔中),红表笔接的是负极(插入"+"孔中)。若使用的是数字式万用表则相反,红表笔是正极(插入 V/Ω 孔),黑表笔是负极(插入 COM 孔)。数字式万用表不能用电阻挡来测量二极管,而要用二极管挡测量。下面以指针式万用表为例介绍二极管的简易检测方法。

(1)测试电路

如图 1-1-11 所示,待测二极管型号为 1N4148。

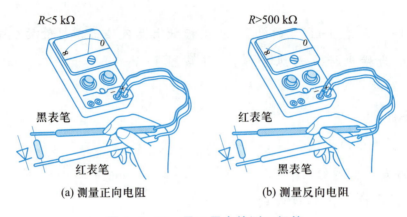

(a) 测量正向电阻　　　　　(b) 测量反向电阻

图 1-1-11　用万用表检测二极管

(2)基本原理

二极管单向导电性。

(3)测试仪表

MF47 型万用表 1 只。

(4)极性判别步骤

1)将万用表拨到"Ω"挡,一般选用 $R \times 100$ 或 $R \times 1$ k 这两挡($R \times 1$ 挡电流较大, $R \times 10$ k 挡电压较高,都容易造成二极管损坏)。进行电阻调零。

2)按图 1-1-11a 搭接二极管,即黑表笔接二极管的正极,红表笔接二极管的负极,观察表头指针,偏转角度大,此时测得二极管的电阻很小。

3)将万用表两表笔对调,按图 1-1-11b 搭接二极管,即红表笔接二极管的正极,黑表笔接二极管的负极,观察表头指针,偏转角度很小或基本不偏转,此时测得二极管的电阻很大。

利用二极管的单向导电特性,比较以上步骤所测二极管的电阻值。二极管的正向电阻值应远小于反向电阻值,相差较大,则表明是正常的。所测得电阻值小的那一次为正向电阻值,与黑表笔相接触的是二极管的正极,而与红表笔相接触的是二极管的负极。

（5）二极管质量的判定

1）若测得的反向电阻很大（几百千欧以上），正向电阻很小（几千欧以下），表明二极管性能良好。

2）若测得的反向电阻和正向电阻都很小，表明二极管内部短路，已损坏。

3）若测得的反向电阻和正向电阻都很大，表明二极管内部断路，已损坏。

练 一 练

1）用万用表判断二极管的极性。

2）选择几种不同类型和型号的二极管，将万用表分别置不同挡，测量并观察二极管正、反向电阻的变化情况，将结果填入表1-1-5中。

表 1-1-5 用万用表测量二极管

二极管型号	$R \times 100$		$R \times 1k$		$R \times 10k$		材料		质量	
	正向	反向	正向	反向	正向	反向	硅	锗	好	坏

知识拓展

一、半导体及 PN 结单向导电性

1. 半导体的基本特性和分类

（1）半导体

人们按照物质导电性能，通常将各种材料分为导体、绝缘体和半导体三大类。导电性能良好的物质称为导体，例如金、银、铜、铝等金属材料。几乎不导电的物质称为绝缘体，例如陶瓷、橡胶、塑料等材料。导电性能介于导体与绝缘体之间的物质称为半导体，例如硅（Si）、锗（Ge）、砷化镓等都是半导体。硅和锗是目前最常用的半导体材料，电子设备中应用广泛的半导体器件是由半导体材料制成的。

在半导体中，能够运载电荷的粒子有两种，一种是带有负电的自由电子（简称电子），另一种是带有正电的空穴。它们在外电场的作用下都有定向移动的效应，能够运载电荷而形成电流，称为载流子。

（2）基本特性

1）热敏性：半导体的导电能力对温度反应灵敏，受温度影响大。当环境温度升高时，其导电能力增强，称为热敏性。利用热敏性可制成热敏元件。

2）光敏性：半导体的导电能力随光照的不同而不同。当光照增强时，导电能力增强，称为光敏性。利用光敏性可制成光敏元件。

3）掺杂性：半导体更为独特的导电性能体现在其导电能力受杂质影响极大，称为掺杂性。在纯净的半导体中掺入某些微量杂质元素后的半导体称为杂质半导体。

（3）分类

1）本征半导体：不加杂质的纯净半导体。如本征硅或本征锗。本征半导体导电能力很低，为提高半导体的导电性能，需掺杂，形成杂质半导体。

2）P 型半导体：在本征半导体硅（或锗）中掺入少量硼元素所形成的半导体，也称为空穴型半导体，如 P 型硅。在 P 型半导体中，空穴成为半导体导电的多数载流子，自由电子为少数载流子。

3）N 型半导体：在本征半导体硅（或锗）中掺入少量磷元素所形成的半导体，也称为电子型半导体，如 N 型硅。在 N 型半导体中，自由电子成为半导体导电的多数载流子，空穴成为少数载流子。

2. PN 结的形成

在一块完整的本征半导体硅或锗上，采用掺杂工艺，使一边形成 P 型半导体，另一边形成 N 型半导体。这样，在 P 型半导体与 N 型半导体的交界处，就形成了一个很薄的特殊导电层，称为 PN 结，如图 1-1-12 所示。PN 结是构成各种半导体器件的基础。

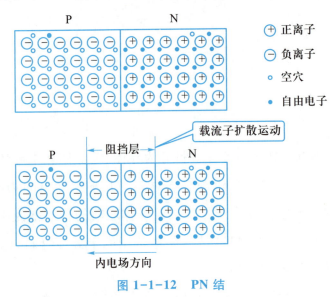

图 1-1-12　PN 结

3. PN 结的单向导电性

PN 结的单向导电性即电流只能从 PN 结的 P 区流向 N 区。

（1）PN 结外加正偏电压导通

将 PN 结的 P 区接较高电位，N 区接较低电位，称为给 PN 结加正向偏置电压，简称正偏，如图 1-1-13 所示，这时 PN 结变窄，电阻很小，称为 PN 结导通。

（2）PN 结外加反偏电压截止

将 PN 结的 P 区接较低电位，N 区接较高电位，称为给 PN 结加反向偏置电压，简称反偏，如图所示 1-1-14 所示，PN 结变宽，电阻很大，称为 PN 结截止。

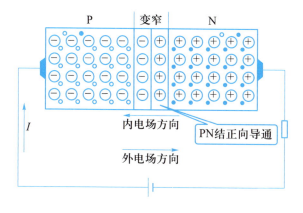

图 1-1-13　PN 结外加正偏电压

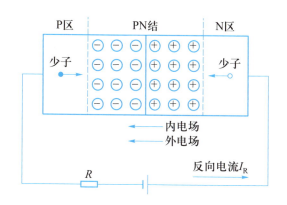

图 1-1-14　PN 结外加反偏电压

综上所述，PN 结具有加正偏电压时导通，加反偏电压时截止的特性，即 PN 结具有单向导电性，其导电方向是由 P 区指向 N 区。

二、特殊二极管

1. 发光二极管（LED）

（1）图形符号与外形

发光二极管英文缩写是 LED。此类管子通常由镓（Ga）、砷（As）、磷（P）等元素的化合物制成。发光二极管的图形符号和外形如图 1-1-15 所示。

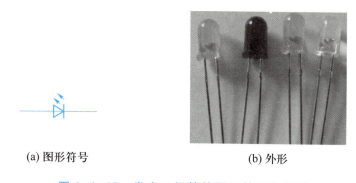

(a) 图形符号　　　　　　　　　(b) 外形

图 1-1-15　发光二极管的图形符号和外形

（2）导电特性

发光二极管也具有单向导电性，当外加反偏电压时，发光二极管截止，不发光；当外加正偏电压时正向导通,当导通电流足够大时,能把电能直接转换为光能,发出光来。

（3）发光的颜色与分类

目前发光二极管的颜色有红、黄、橙、绿、白和蓝6种,所发光的颜色主要决定于制作管子的材料,以及掺入杂质的种类,例如,用砷化镓发出红色光,用磷化镓发出绿色光,用碳化镓则发出黄色光。其中白色发光二极管主要应用在手机背光灯、液晶显示器背光灯、照明等领域。

（4）发光二极管的应用

发光二极管被称为第四代光源,它具有光转化效率高、工作电压低（3 V 左右）、反复开关无损寿命、体积小、发热少、亮度高、坚固耐用、易于调光、色彩多样、光束集中稳定、启动无延时、维护简便等特点,可以广泛应用于各种指示、显示、装饰、背光源、普通照明等领域。

随着技术的飞跃和突破,发光二极管的光效率也在不断提高,价格不断走低。组合式管芯的出现,也让单个发光二极管（模块）的功率不断提高,发光二极管在照明应用的前景更加广阔。

2. 光敏二极管

（1）光敏二极管的结构和符号

光敏二极管的 PN 结被封装在透明玻璃外壳中,其 PN 结装在管子的顶部,可以直接受到光的照射。光敏二极管的图形、符号和外形如图 1-1-16 所示。目前使用最多的是硅（Si）光敏二极管。

（2）光敏二极管的工作原理

光敏二极管是一种光接收器件,它和普通二极管一样,具有单向导电性。其工作电路如图 1-1-17 所示,可见光敏二极管所加的工作电压是反向偏置电压。普通二极管在反向电压作用下,只能通过微弱的反向电流,而光敏二极管 PN 结的面积较大,可接收照射光。光敏二极管在电路中通常工作在反偏状态,在没有光照射时,反向电流非常微弱,称为暗电流;当有光照射时,反向电流迅速增大,称为光电流。光照越强,光电流越大,将光能转换为电能,实现光电转换。

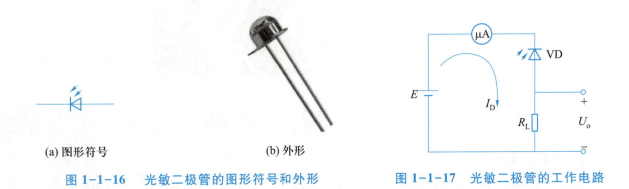

(a) 图形符号　　　　　　　　　　　(b) 外形

图 1-1-16　光敏二极管的图形符号和外形　　　**图 1-1-17　光敏二极管的工作电路**

3. 激光二极管

激光二极管是在发光二极管的 PN 结间安置一层具有光活性的半导体,构成一个光谐振腔。工作时接正向电压,可发射出激光。

激光二极管的应用非常广泛,在计算机的光盘驱动器,激光打印机中的打印头,激光唱机,激光影碟机中都有激光二极管。

4. 红外发光与接收二极管

1) 红外发光二极管所发出的是人眼看不见的红外线,现在使用的电视机或空调的遥控器,就是利用红外发光二极管来发射指令信号的。红外发光二极管与普通二极管的外形与电气特性都十分相似。

2) 红外接收二极管又称为红外光敏二极管。红外接收二极管在没有接收到红外线时,其反向电阻非常大,但若有某个波长的红外线照射在红外接收二极管的受光面时,其反向电阻会迅速减小。根据这个特点,红外接收二极管可以用于检测有无红外线,更多地被用于彩色电视机、空调等家电的遥控设备中作为红外接收器件。一般红外接收二极管只对一个波长的红外线敏感,对其他波长的红外线就不太敏感。正是由于这个特性,在使用红外线进行遥控时,被干扰的可能才很小,这正是红外线遥控成为家电遥控主流的最主要原因。

红外发光与接收二极管一般成对使用,一个发射另一个接收,外形如图 1-1-18a 所示,其图形符号分别与发光、光敏二极管一样,如图 1-1-8b 所示。

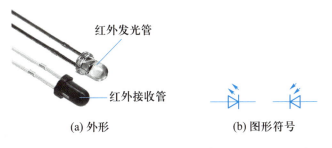

(a) 外形　　　　　　　(b) 图形符号

图 1-1-18　红外发光与接收二极管的外形和图形符号

三、LED 照明技术

1. LED 照明的原理

LED 照明就是利用发光二极管作为光源的照明技术。用于照明的 LED 一般由 GaAs(砷化镓)、GaP(磷化镓)、GaAsP(磷砷化镓)等化合物半导体制成,其核心与普通二极管相同,也是 PN 结。因此它具有一般 PN 结的特性,即正向导通、反向截止、击穿特性。此外,在一定条件下,它还具有发光特性。在正向电压下,电子由 N 区注入 P 区,空穴由 P 区注入 N 区。进入对方区域的少数载流子一部分与多数载流子复合而发光。现在已有红外线,以及可见光的红光、黄光、绿光、蓝光、白光等发光二极管。

LED 照明灯具如图 1-1-19 所示。

图 1-1-19 LED 照明灯具

2. LED 照明的主要优点

1) 节约能源。LED 的光谱几乎全部集中于可见光频段,发热小,发光效率高(可达 80%~90%)。消耗能量较发光效率相同的白炽灯减少 80%左右,较传统节能灯减少 40%左右。

2) 安全环保。LED 的工作电压低,多为 1.4~3 V;普通 LED 工作电流仅为 10 mA,超高亮度的也不过 1 A;没有紫外线和红外线、无频闪、保护视力、不含汞等有害元素,便于回收利用。

3) 使用寿命长。LED 是半导体器件,即使频繁开关,也不会影响其使用寿命,寿命可长达 6 万~10 万小时,比传统光源寿命长 10 倍以上。

4) 色彩丰富。LED 光源可利用红、绿、蓝三基色原理,在计算机技术控制下形成变化多端不同光色的组合,实现丰富多彩的动态变化效果及图像。

任务二　单相桥式整流滤波电路的制作与测试 >>>

▌知识准备

将电网的交流电压变换成电子设备所需要的直流电压的过程称为整流。利用二极管的单向导电性把双向交流电变为单向脉动直流电的电路称为二极管整流电路,它既简单、方便又经济。常见的整流电路有单相半波整流电路和单相桥式全波整流电路两种。

1. 单相半波整流电路工作原理

（1）电路组成

如图 1-2-1a 所示,电路由电源变压器 T、整流二极管 VD 和负载电阻 R_L 组成。T 为电源变压器,把电源电压 u_1 变成整流电路所需的电压 u_2。VD 为整流二极管,把交流电变成脉动直流电。

（2）工作原理

设 u_2 为正弦波,波形如图 1-2-1b 所示。

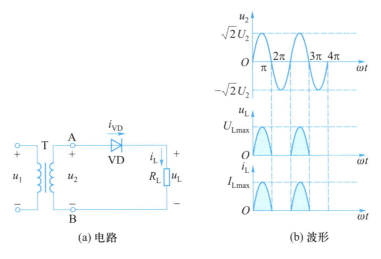

(a) 电路　　　　　　　(b) 波形

图 1-2-1　单相半波整流电路

1）u_2 正半周时,A 点电位高于 B 点电位,二极管 VD 正偏导通,则 $u_L \approx u_2$;

2）u_2 负半周时,A 点电位低于 B 点电位,二极管 VD 反偏截止,则 $u_L \approx 0$。

由此可见,在交流电 u_2 的一个周期内,二极管只有半个周期导通,另半个周期截止,负载 R_L 只有 u_2 单方向的半个波形。这种大小波动、方向不变的电压或电流称为脉动直流电。

上述过程说明,利用二极管的单向导电性可把交流电 u_2 变成脉动直流电 u_L。由于电路仅利用 u_2 的半个波形,故称为半波整流电路。

（3）负载和整流二极管上的电压和电流的估算

负载电压为　　$U_L = 0.45 U_2$

负载电流为　　$I_L = \dfrac{U_L}{R_L} = \dfrac{0.45 U_2}{R_L}$

二极管正向电流和负载电流为　　$I_{VD} = I_L = \dfrac{0.45 U_2}{R_L}$

二极管反向峰值电压为　　$U_{VDM} = \sqrt{2}\,U_2 \approx 1.41 U_2$

（4）整流二极管的选择

二极管允许的最大反向电压应大于承受的反向峰值电压,即

$$U_{RM} \geq U_{VDM} = \sqrt{2}\,U_2$$

二极管允许的最大整流电流应大于流过二极管的实际工作电流,即

$$I_{FM} \geq I_{VD} = I_L = \dfrac{0.45 U_2}{R_L}$$

半波整流电路的优点是电路简单,使用的元件少。它的明显缺点是输出电压脉动很大、

效率低,所以只能应用在对直流电压波动要求不高的场合,如蓄电池的充电等。

2. 单相桥式全波整流电路的工作原理

（1）电路图

单相桥式全波整流电路如图 1-2-2 所示。VD1～VD4 为整流二极管,电路为桥式结构。桥式整流电路简化画法如图 1-2-3 所示。

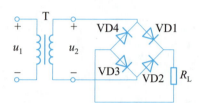

图 1-2-2 单相桥式全波整流电路图

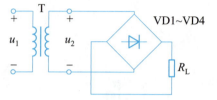

图 1-2-3 桥式整流电路简化画法

（2）工作原理

1）u_2 正半周时,如图 1-2-4a 所示,A 点电位高于 B 点电位,则 VD1、VD3 导通（VD2、VD4 截止）,i_1 自上而下流过负载 R_L。

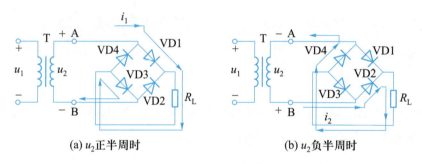

(a) u_2 正半周时　　　　(b) u_2 负半周时

图 1-2-4 桥式整流电路工作过程

2）u_2 负半周时,如图 1-2-4b 所示,A 点电位低于 B 点电位,则 VD2、VD4 导通（VD1、VD3 截止）,i_2 自上而下流过负载 R_L;由波形（图 1-2-5）可知,u_2 一个周期内,两组整流二极管轮流导通产生的单方向电流 i_1 和 i_2 叠加形成了 i_L,于是负载得到全波脉动直流电压 u_L。

（3）负载和整流二极管上的电压和电流估算

负载电压为 　$U_L = 0.9U_2$

负载电流为 　$I_L = \dfrac{U_L}{R_L} = \dfrac{0.9U_2}{R_L}$

二极管的平均电流为 　$I_{VD} = \dfrac{1}{2}I_L$

二极管承受反向峰值电压为 　$U_{VDM} = \sqrt{2}\,U_2$

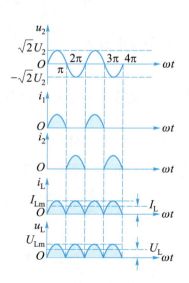

图 1-2-5 桥式整流电路
工作波形图

（4）整流二极管的选择

二极管允许的最大反向电压应大于承受的反向峰值电压，即

$$U_{RM} \geqslant U_{VDM} = \sqrt{2}\,U_2$$

二极管允许的最大整流电流应大于流过二极管的实际工作电流，即

$$I_{FM} \geqslant I_{VD} = \frac{1}{2}I_L = \frac{0.45U_2}{R_L}$$

单相桥式全波整流电路输出电压高、纹波小，对变压器和二极管的要求较低，因此应用广泛。

例： 有一直流负载，需要直流电压 $U_L = 60\ \text{V}$，直流电流 $I_L = 4\ \text{A}$。若采用单相桥式全波整流电路，求电源变压器二次电压 U_2，并选择整流二极管。

解： 因为 $U_L = 0.9U_2$　所以 $U_2 = \dfrac{U_L}{0.9} = \dfrac{60\ \text{V}}{0.9} \approx 66.7\ \text{V}$

流过二极管的平均电流为

$$I_{VD} = \frac{1}{2}I_L = \frac{1}{2} \times 4\ \text{A} = 2\ \text{A}$$

二极管承受的反向峰值电压

$$U_{VDM} = \sqrt{2}\,U_2 = 1.41 \times 66.7\ \text{V} \approx 94\ \text{V}$$

查晶体管手册，可选用整流电流为 $I_{FM} = 3\ \text{A}$，额定反向工作电压为 $U_{RM} = 100\ \text{V}$ 的整流二极管 2CZ12A（3 A/100 V）四只。

▌工程应用

整 流 桥 堆

整流桥堆通常由两只或四只整流二极管作桥式连接，两只的为半桥，四只的则为全桥。外部采用绝缘塑料封装而成，大功率整流桥堆在绝缘层外添加锌金属壳包封，增强散热性能。全桥堆电路外形图及内部结构如图 1-2-6 所示。它具有电路组成简单、可靠等优点。

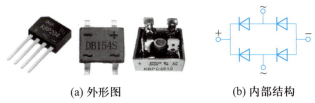

(a) 外形图　　　　(b) 内部结构

图 1-2-6　全桥堆电路外形图及内部结构

整流桥堆标有"～"符号的两个引脚作为交流电压输入端，另两个引脚为直流输出端，分别为正极（标有"+"的引脚）和负极（标有"−"的引脚）。

3. 滤波电路

（1）滤波的概念

经整流后的输出电压，除了含有直流分量外，还含有较高的谐波分量，这些谐波分量称为纹波。在一些电压要求不高的场所可以使用，但对有些电压要求较高的电子设备来说，用这样的电压供电，将会对电子设备的工作产生严重的干扰。

为了满足电子设备正常工作的需要，必须采取滤波措施。所谓滤波，就是把脉动直流电压中的脉动成分或纹波成分进一步滤除，以得到较为平滑的直流输出电压。

（2）电容滤波器

1）电路组成。电容滤波器实质上是一个与负载电阻并联的电容器，如图 1-2-7 所示。

2）工作原理。电容 C 接入电路，假设开始时电容上的电压为零，接通电源后，利用电容器两端电压不能突变的原理平滑输出电压，具体过程如下：

在 $0\sim t_1$ 期间，u_2 从零开始增大，整流输出的电压在向负载 R_L 供电的同时，也给电容 C 充电。波形如图 1-2-8 中 OA 段所示。

在 $t_1\sim t_2$ 期间，当充电电压达到最大值 $\sqrt{2}\,U_2$ 后，u_2 开始下降，于是电容 C 开始通过负载电阻 R_L 放电，维持负载两端电压缓慢下降，直到下一个整流电压波形的到来。波形如图 1-2-8 中 AB 段所示；

在 $t_2\sim t_3$ 期间，当 u_2 再次大于电容端电压时，电容又开始充电。波形如图 1-2-8 中 BC 段所示。

重复上述过程，可得到近于平滑的波形。这说明，通过电容的充放电，输出直流电压中的脉动成分大为减小。

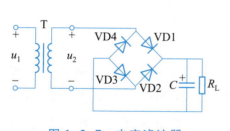

图 1-2-7　电容滤波器

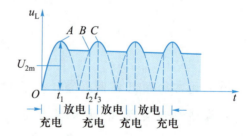

图 1-2-8　电容滤波器电路输出波形

3）电路特点。这种滤波电路结构简单，输出直流电压较高，纹波较小，但负载能力较差，当电容 C 的容量或 R_L 的阻值越大，输出直流电压越大，滤波效果越好，反之，则输出直流电压低且滤波效果差。其次，电源接通瞬间充电电流很大，整流管要承受很大的正向浪涌电流。所以电容滤波器一般用在负载电流较小且负载变化不大的场合，是小功率整流电路中的主要滤波形式。

任务实施

1. 电路原理图

单相桥式整流滤波电路如图 1-2-9 所示。

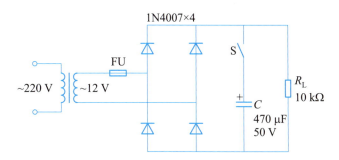

图 1-2-9　单相桥式整流滤波电路

2. 实验元器件与仪器

元器件与仪器清单见表 1-2-1。

表 1-2-1　元器件与仪器清单

序号	名称	规格	数量
1	万用表	MF-47	1 只
2	双踪示波器	20 MHz	1 台
3	电源变压器	220 V/12 V	1 只
4	二极管	1N4007	4 只
5	电阻	10 kΩ	1 只
6	电解电容	470 μF/50 V	1 只
7	通用电路板	20 cm×10 cm	1 块
8	连接导线		若干
9	安装工具		1 套

3. 实验步骤

1）按电路图连接电路,示波器接于电路的输出端,接通电源。

2）当开关 S 断开时,用示波器观察输出电压的波形,同时用万用表直流电压挡测量输出电压的大小,数据填入表 1-2-2 中。

3）合上开关 S,用示波器观察变压器二次电压波形和负载电阻上的电压波形,同时用万用表直流电压挡测量输出电压的大小,数据填入表 1-2-2 中。

表 1-2-2　实验数据记录

测试项目	输出电压波形	输出电压大小
开关 S 断开		
开关 S 闭合		

实验总结：_____

_____。

▌知识拓展

一、几种二极管整流电路的比较

整流电路的输入电压是用交流电压的有效值表示的,而输出电压或电流是用脉动直流电压或电流的平均值表示的。二极管两端的反向电压是用最大值表示的。表 1-2-3 是常见整流电路的比较。

表 1-2-3　常见整流电路的比较

比较项目	半波	全波	桥式
电路原理图	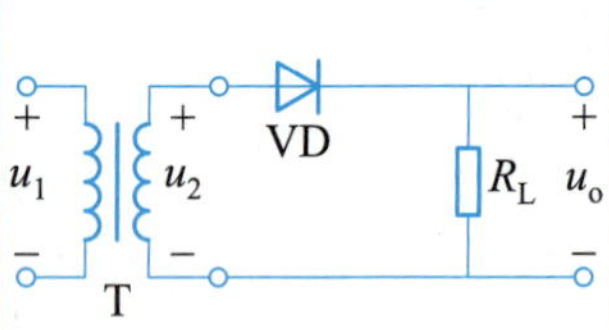	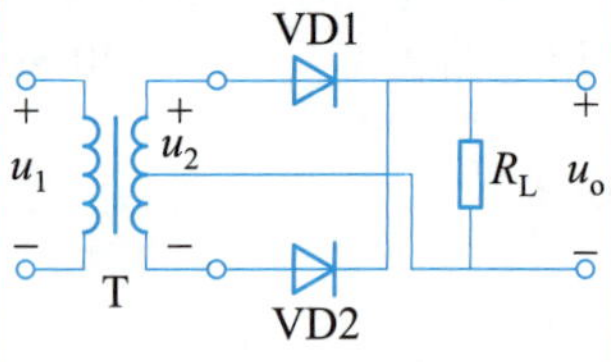	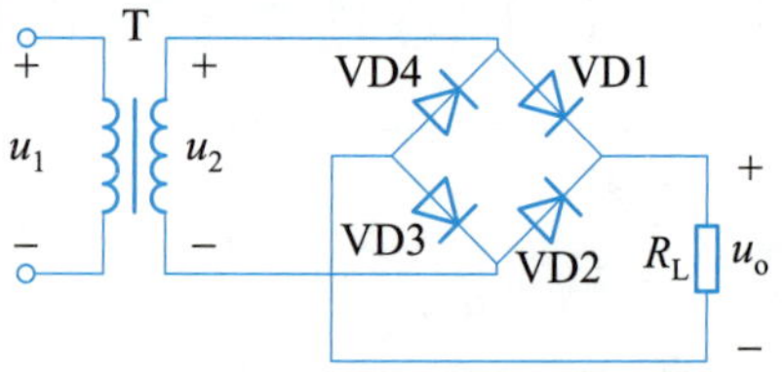
输出电压 U_o	$0.45U_2$	$0.9U_2$	$0.9U_2$
输出电流 I_o	$0.45U_2/R_L$	$0.9U_2/R_L$	$0.9U_2/R_L$
二极管平均电流 I_{VD}	I_o	$1/2I_o$	$1/2I_o$
二极管最高反向电压 U_{VDM}	$\sqrt{2}U_2$	$2\sqrt{2}U_2$	$\sqrt{2}U_2$

续表

比较项目	半波	全波	桥式
优点	结构简单,只有一只二极管	输出波形脉动成分小	输出波形脉动成分小,二极管反向耐压要求降低
缺点	输出波形脉动成分大,电压低,电源利用率低	二极管反向耐压要求高,要求变压器有中心抽头	需要用四只二极管

二、滤波电路的类型及特点

除了电容滤波电路以外,用来实现滤波功能的常见电路还有电感滤波电路和复式滤波电路。

1. 电感滤波电路

电感滤波电路如图 1-2-10 所示,主要利用通过电感中的电流不能突变的特点,使输出电流波形比较平滑,从而使输出电压的波形也比较平滑,故电感与负载串联。这种电路工作频率越高,电感越大,负载越小,则滤波效果越好,整流管不会受到浪涌电流的损害,适用于负载电流较大,以及负载变化较大的场合。但输出电压较低,且电感铁心笨重、体积大,故在小型电子设备中很少采用。

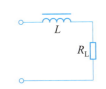

图 1-2-10 电感滤波电路

2. 复式滤波电路

为了进一步提高滤波效果,可将电感和电容组合成复式滤波电路,常用的有 Π 型 RC、Π 型 LC 和 Γ 型 LC 复式滤波电路。Π 型 RC 复式滤波电路如图 1-2-11a 所示。该电路结构简单,滤波效果好,能兼起降压、限流作用,但输出电流较小,带负载能力差,故适用于负载电流较小的场合。

Π 型 LC 复式滤波电路如图 1-2-11b 所示。该电路输出电压高、滤波效果好,但输出电流小,带负载能力差,适用于负载电流较小,要求稳定的场合。

Γ 型 LC 复式滤波电路如图 1-2-11c 所示。该电路输出电流大、带负载能力较好、滤波效果也不错,但电感线圈体积大,价格高,故适用于负载变动较大,负载电流较大的场合。

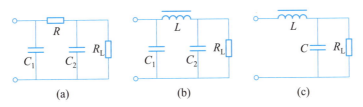

图 1-2-11 复式滤波电路

晶闸管应用电路的制作与调试

课题描述

在本课题中,我们要识别常见晶闸管,学会通过万用表判别晶闸管各引脚并检测其质量好坏。根据原理图和装配图完成调光台灯的装接,用万用表对调光台灯电路进行调试与检测,并结合测试结果分析电路的工作原理。

知识目标

1. 了解晶闸管的图形符号与文字符号,了解其主要参数的含义。

2. 了解晶闸管的基本结构、工作原理。

3. 了解单相可控整流电路的组成,理解可控整流的工作原理。

技能目标

1. 能识别常用晶闸管各引脚,学会用万用表检测晶闸管质量的优劣。

2. 能识别常见单结晶体管的引脚。

3. 会制作调光台灯电路,会用相关仪器仪表对调光电路进行调试与测量。

任务三 晶闸管的识别与检测 >>>

知识准备

1. 单向晶闸管的结构与符号

晶闸管是在晶体管基础上发展起来的一种大功率半导体器件。它的出现使半导体器件由弱电领域扩展到强电领域。晶闸管也像半导体二极管那样具有单向导电性,但它的导通时间是可控的,主要用于整流、逆变、调压及开关等方面。

晶闸管外形如图 1-3-1 所示,有塑封型(小功率)、平面型(中功率)和螺栓型(中、大功率)几种。晶闸管的内部结构如图 1-3-2a 所示,它是由 PNPN 四层半导体材料构成的三端半导体器件,三个引出端分别为阳极 A、阴极 K 和控制极 G。晶闸管的阳极与阴极之间具有单向导电性,图 1-3-2b 所示是其图形符号。

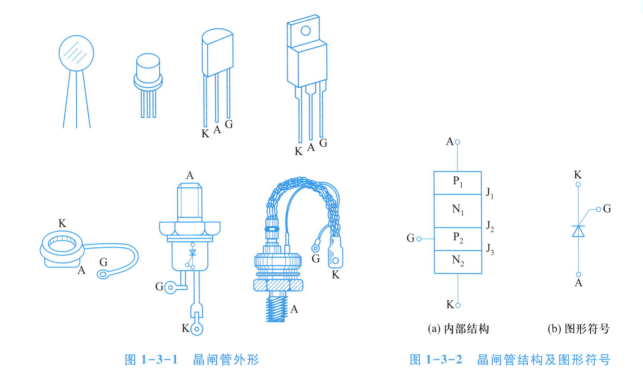

图 1-3-1　晶闸管外形

图 1-3-2　晶闸管结构及图形符号

2. 晶闸管的型号及主要参数

图 1-3-3 所示为晶闸管常见型号的组成。

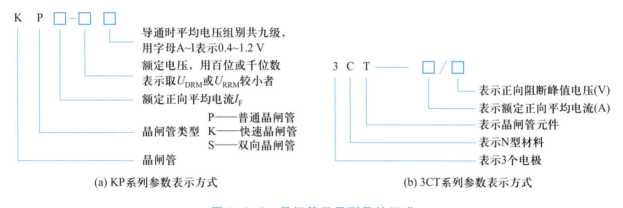

图 1-3-3　晶闸管常见型号的组成

为了正确地选择和使用晶闸管,还必须了解它的电压、电流等主要参数的意义。晶闸管的主要参数有以下几项。

（1）额定正向平均电流 I_F

在规定的散热条件、环境温度及全导通的条件下,晶闸管可以连续通过的工频正弦半波电流在一个周期内的平均值,称为额定正向平均电流 I_F。

然而,这个电流值并不是一成不变的,晶闸管允许通过的最大工作电流还受冷却条件、环境温度、元件导通角、元件每个周期的导电次数等因素的影响。在工作中,阳极电流不能超过额定值,否则 PN 结的结温过高,使晶闸管烧坏。

（2）维持电流 I_{H}

在规定的环境温度和控制极断开情况下,维持晶闸管导通状态的最小电流称维持电流 I_{H}。在产品中,即使同一型号的晶闸管,维持电流也各不相同,通常由实测决定。当正向工作电流小于 I_{H} 时,晶闸管将自动关断。

（3）正向阻断峰值电压 U_{DRM}

在控制极断路和晶闸管正向阻断的条件下,可以重复加在晶闸管 A、K 极之间的最大正向峰值电压称为正向阻断峰值电压,用 U_{DRM} 表示。使用时若电压超过 U_{DRM},则晶闸管即使不加触发电压也能从正向阻断转为导通。

（4）反向峰值电压 U_{RRM}

在控制极断开时,可以重复加在晶闸管 A、K 极之间的反向峰值电压,用 U_{RRM} 表示。

（5）控制极触发电压 U_{G} 和控制极触发电流 I_{G}

在环境温度及一定的正向电压条件下,使晶闸管从阻断到导通,控制极所需的最小正向电压和电流称为控制极触发电压 U_{G} 和控制极触发电流 I_{G}。一般情况下,小功率晶闸管触发电压为 1 V 左右,触发电流为零点几毫安至几毫安,中功率以上晶闸管触发电压为几伏至几十伏,电流为几毫安至几百毫安。

3. 晶闸管的工作原理

（1）正向阻断状态

在图 1-3-4a 所示电路中,晶闸管加正向电压,即晶闸管阳极接电源正极,阴极接电源负极,当开关 S 不闭合时,指示灯不亮。这说明晶闸管加正向电压,但控制极未加正向电压时,晶闸管不会导通,这种状态称为晶闸管的正向阻断状态。

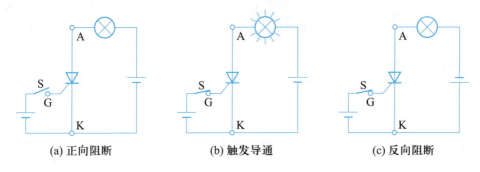

(a) 正向阻断   (b) 触发导通   (c) 反向阻断

图 1-3-4　晶闸管的工作原理

（2）触发导通状态

在图 1-3-4b 所示电路中,晶闸管加正向电压,且开关 S 闭合,即在控制极上加正向触发电压,此时指示灯亮,表明晶闸管导通。这种状态称为晶闸管的触发导通状态。

指示灯亮后,若把开关 S 断开,指示灯继续发光,这说明晶闸管一旦导通,控制极便失去了控制作用。要使晶闸管关断,必须将正向阳极电压降低到一定数值,使流过晶闸管的电流

小于维持电流 I_H 而关断。

（3）反向阻断状态

在图 1-3-4c 所示电路中，晶闸管加反向电压，即 A 极接电源负极，K 极接电源正极，此时不论开关 S 闭合与否，指示灯始终不亮。这说明当单向晶闸管加反向电压时，不管控制极加怎样的电压，它都不会导通，而处于截止状态。这种状态称为晶闸管的反向阻断。

因此，晶闸管的导通条件为：在阳极和阴极间加正向电压，同时在控制极和阴极间加正向触发电压。

任务实施

1. 晶闸管工作条件测试

（1）测试电路

晶闸管导通试验电路如图 1-3-5 所示。

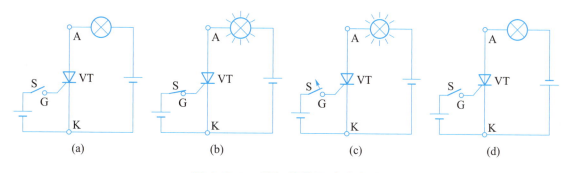

（a）　　　　（b）　　　　（c）　　　　（d）

图 1-3-5　晶闸管导通试验电路

（2）测试步骤

1）图 1-3-5a 所示电路中，晶闸管加正向电压，即晶闸管阳极接电源正极，阴极接电源负极。开关 S 不闭合，观察灯泡的状态。灯_____（亮、不亮）。

2）图 1-3-5b 所示的电路中，晶闸管加正向电压，且开关 S 闭合。观察灯泡的状态。灯_____（亮、不亮）；再将开关 S 打开，如图 1-3-5c 所示，灯_____（亮、不亮）。

3）图 1-3-5d 所示电路中，晶闸管加反向电压，即晶闸管阳极接电源负极，阴极接电源正极。将开关 S 闭合，灯_____（亮、不亮）；开关 S 不闭合，灯_____（亮、不亮）。

实验总结：晶闸管导通必须具备的条件是_____

_____。

2. 晶闸管的简易检测

对于晶闸管的三个电极，可以用万用表粗测其好坏。依据 PN 结单向导电原理，用万用表电阻挡测试元件三个电极之间的阻值，可初步判断管子是否完好。

如用万用表 $R×1k$ 挡测量阳极 A 和阴极 K 之间的正、反向电阻都很大，在几百千欧以上,且正、反向电阻相差很小;用 $R\times10$ 或 $R\times100$ 挡测量控制极 G 和阴极 K 之间的阻值,其正向电阻应小于或接近于反向电阻,这样的晶闸管是好的。如果阳极与阴极或阳极与控制极间有短路,阴极与控制极间为短路或断路,则晶闸管是坏的。

用万用表 $R\times1$ k 挡分别测量 A 与 K、A 与 G 间正、反向电阻;用 $R\times10$ 挡测量 G 与 K 间正、反向电阻,根据测量结果判断晶闸管质量,将结果记入表 1-3-1。

表 1-3-1　晶闸管检测记录表

$R_{AK}/k\Omega$	$R_{KA}/k\Omega$	$R_{AG}/k\Omega$	$R_{GA}/k\Omega$	$R_{GK}/k\Omega$	$R_{KG}/k\Omega$	结论

任务四　晶闸管调光电路的制作与调试 >>>

▌知识准备

1. 单相半波可控整流电路工作原理

(1) 电路组成

单相半波可控整流电路如图 1-4-1a 所示。它与单相半波整流电路相比较,所不同的只是用晶闸管代替了整流二极管。

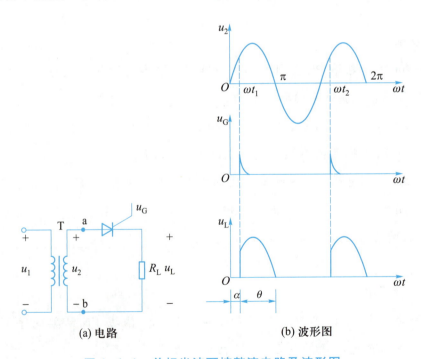

(a) 电路　　　　(b) 波形图

图 1-4-1　单相半波可控整流电路及波形图

（2）工作原理

接上电源，在电压 u_2 正半周开始时，如果电路中 a 点为正，b 点为负，对应在图 1-4-1b 的 α 角范围内。此时晶闸管两端具有正向电压，但是由于晶闸管的控制极上没有触发电压 u_G，因此晶闸管不能导通。

经过 α 角度后，在晶闸管的控制极上加上触发电压 u_G，如图 1-4-1b 所示。晶闸管被触发导通，负载电阻中开始有电流通过，在负载两端出现电压 u_L。在晶闸管导通期间，晶闸管压降近似为零。

α 角称为控制角（又称移相角），是晶闸管阳极从开始承受正向电压到出现触发电压 u_G 之间的角度。改变 α 角度，就能调节输出平均电压的大小。α 角的变化范围称为移相范围，通常要求移相范围越大越好。

经过 π 以后，u_2 进入负半周，此时电路 a 端为负，b 端为正，晶闸管两端承受反向电压而截止，所以 $u_L=0$。

在第二个周期出现时，重复以上过程。晶闸管导通的角度称为导通角，用 θ 表示。由 1-4-1b 可知，$\theta=\pi-\alpha$。

（3）输出平均电压

当变压器二次电压为 $u_2=\sqrt{2}\,U_2\sin\omega t$ 时，负载电阻 R_L 上的直流平均电压可以用控制角 α 表示，即

$$U_L=0.45U_2\times\frac{1+\cos\alpha}{2}$$

可以看出，当 $\alpha=0$ 时（$\theta=\pi$），晶闸管在正半周全导通，$U_L=0.45U_2$，输出电压最高。若 $\alpha=\pi$，$U_L=0$，这时 $\theta=0$，晶闸管全关断。

根据欧姆定律，负载电阻 R_L 中的直流平均电流为

$$I_L=\frac{U_L}{R_L}=0.45\,\frac{U_2}{R_L}\times\frac{1+\cos\alpha}{2}$$

此电流即为通过晶闸管的平均电流。

例：在单相半波可控整流电路中，负载电阻为 8 Ω，交流电压有效值 $U_2=220$ V，控制角 α 的调节范围为 60°~180°，求：

1）直流输出电压的调节范围。

2）晶闸管中最大的平均电流。

3）晶闸管两端出现的最大反向峰值电压。

解：1）控制角为 60°时

$$U_L=0.45U_2\times\frac{1+\cos\alpha}{2}=0.45\times220\text{ V}\times\frac{1+\cos60°}{2}=74.25\text{ V}$$

控制角为 180°时,直流输出电压为 0。

所以控制角 α 在 60°~180°范围变化时,相对应的直流输出电压在 0~74.25 V 之间调节。

2）晶闸管最大的平均电流与负载电阻中最大的平均电流相等

$$I_F = I_L = \frac{U_L}{R_L} = \frac{74.25 \text{ V}}{10 \text{ }\Omega} = 7.425 \text{ A}$$

3）晶闸管两端出现的最大反向峰值电压为变压器次级电压的最大值

$$U_{RRM} = \sqrt{2}\,U_2 = \sqrt{2} \times 220 \text{ V} \approx 311 \text{ V}$$

再考虑到安全系数 2~3,所以选择额定电压为 600 V 以上的晶闸管。

2. 单相桥式半控整流电路工作原理

（1）电路组成

单相桥式半控整流电路如图 1-4-2a 所示。其主电路与单相桥式整流电路相比,只是其中两个桥臂中的二极管被晶闸管所取代。

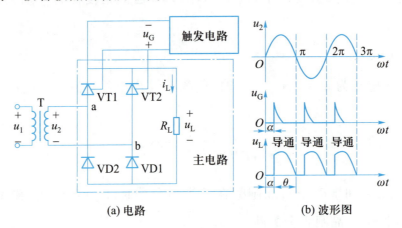

(a) 电路   (b) 波形图

图 1-4-2   单相桥式半控整流电路与波形

（2）工作原理

接上交流电源后,在变压器二次电压 u_2 正半周时(a 端为正,b 端为负),VT1、VD1 处于正向电压作用下,当 $\omega t = \alpha$ 时,控制极引入的触发脉冲 u_G,使 VT1 导通,电流的通路为:a→VT1→R_L→VD1→b,这时 VT2 和 VD2 均承受反向电压而阻断。在电源电压 u_2 过零时,VT1 阻断,电流为零。同理在 u_2 的负半周(a 端为负,b 端为正),VT2、VD2 处于正向电压作用下,当 $\omega t = \pi + \alpha$ 时,控制极引入的触发脉冲 u_G 使 VT2 导通,电流的通路为:b→VT2→R_L→VD2→a,这时 VT1、VD1 承受反向电压而阻断。当 u_2 由负值过零时,u_2 阻断。可见,无论 u_2 在正半周或负半周内,流过负载 R_L 的电流方向是相同的,其负载两端的电压波形如图 1-4-2b 所示。

由图 1-4-2b 可知,输出电压平均值比单相半波可控整流电路输出电压大一倍。即

$$U_L = 0.9U_2 \times \frac{1+\cos\alpha}{2}$$

可以看出,当 $\alpha = 0$ 时($\theta = \pi$),晶闸管在半周内全导通,$U_\mathrm{L} = 0.9U_2$,输出电压最高,相当于二极管单相桥式整流电压。若 $\alpha = \pi$,$U_\mathrm{L} = 0$,这时 $\theta = 0$,晶闸管全关断。

根据欧姆定律,负载电阻 R_L 中的直流平均电流为

$$I_\mathrm{L} = \frac{U_\mathrm{L}}{R_\mathrm{L}} = 0.9 \times \frac{U_2}{R_\mathrm{L}} \times \frac{1 + \cos\alpha}{2}$$

流经晶闸管和二极管的平均电流为

$$I_\mathrm{V} = \frac{1}{2} I_\mathrm{L}$$

晶闸管和二极管承受的最高反向电压均为 $\sqrt{2}\,U_2$。

综上所述,可控整流电路是通过改变控制角的大小实现调节输出电压大小的目的,因此,也称为单相可控整流电路。

3. 调光电路的组成与工作原理

如图 1-4-3 所示,VT1、R_1、R_2、R_3、R_4、R_P、C 组成单结晶体管张弛振荡器。接通电源前,电容器 C 上电压为零。接通电源后,电容经由 R_4、R_P 充电,电压 U_e 逐渐升高。当达到峰点电压时,$\mathrm{e}-\mathrm{b}_1$ 间导通,电容上电压向电阻放电。当电容上的电压降到谷点电压时,单结晶体管恢复阻断状态。此后,电容又重新充电,重复上述过程,在电容上形成锯齿状电压,在电阻 R_3 上则形成脉冲电压。此脉冲电压作为晶闸管 VT2 的触发信号。在 VD1~VD4 桥式整流输出的每一个半波时间内,振荡器产生的第一个脉冲为有效触发信号。调节 R_P 的阻值,可改变触发脉冲的相位,控制晶闸管 VT2 的导通角,即可调节灯泡亮度。

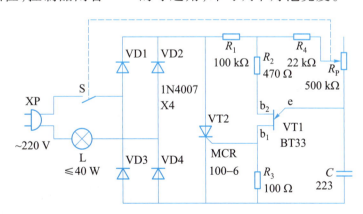

图 1-4-3　家用调光台灯电路

任务实施

1. 原理图

家用调光台灯电路如图 1-4-3 所示。

2. 元器件及材料清单

元器件及材料清单见表 1-4-1。

表 1-4-1   元器件及材料清单

序号	元件名称	型号/规格	数量	元器件符号
1	整流二极管	1N4007	4	VD1～VD4
2	晶闸管	MCR100-6	1	VT2
3	单结晶体管	BT33	1	VT1
4	电阻器	100 kΩ/0.5 W	1	R_1
5	电阻器	470 Ω	1	R_2
6	电阻器	100 Ω	1	R_3
7	电阻器	22 kΩ	1	R_4
8	带开关电位器	500 kΩ	1	R_P
9	涤纶电容器	0.022 μF(223)	1	C
10	灯	220 V/5 W	1	L
11	灯座		1	
12	电源		1	
13	导线		若干	
14	通用电路板	30 mm×45 mm	1	

3. 任务实施步骤

(1) 对照电路图(图 1-4-3)看懂装配图(图 1-4-4),将图上的元器件符号与实物对照。检查电路板看是否有开路、短路等隐患。

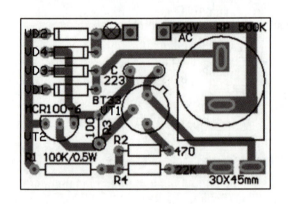

图 1-4-4   调光台灯电路装配图

(2) 装接电路

1) 有极性的元器件(二极管、晶闸管、单结晶体管等),在安装时要注意极性,切勿装错。

2) 所有元器件尽量贴近电路板安装。

（3）调试

1）检查电路连接是否正确，确保无误后方可接上灯，开始调试。调试过程中应注意安全，防止触电。

2）接通电源，打开开关，旋转电位器手柄，观察灯亮度变化。

（4）测量

根据表 1-4-2 列出的几种情况进行调试，并测量电路中各点电压，填入表 1-4-2 中。

表 1-4-2　测量数据记录表

灯状态	元器件各点电压						断开交流电源，电位器的电阻值
	VT2			VT1			
	U_A	U_K	U_G	U_{b1}	U_{b2}	U_e	
灯最亮时							
灯微亮时							
灯不亮时							

▌知识拓展

单结晶体管

1. 单结晶体管的结构、符号及工作原理

（1）结构与符号

单结晶体管的结构如图 1-4-5a 所示。在一块高电阻率的 N 型硅半导体基片上，引出两个电极，分别为第一基极 b_1 与第二基极 b_2。在两基极之间，靠近 b_2 极处掺入 P 型杂质，形成一个 PN 结，引出电极称为发射极 e。其图形符号及引脚如图 1-4-5b、c 所示。

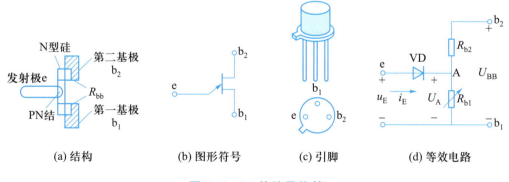

(a) 结构　　　　(b) 图形符号　　　　(c) 引脚　　　　(d) 等效电路

图 1-4-5　单结晶体管

（2）伏安特性

单结晶体管的等效电路如图 1-4-5d 所示，两基极间的电阻为 $R_{bb} = R_{b1} + R_{b2}$，用 VD 表示

PN 结。R_{bb} 的阻值范围为 2~15 kΩ。如果在 b_1、b_2 两个基极间加上电压 U_{BB}，则 A 与 b_1 之间即 R_{b1} 两端得到的电压为

$$U_A = \frac{R_{b1}}{R_{b1}+R_{b2}}U_{BB} = \eta U_{BB}$$

式中，η 称为分压比，它与管子的结构有关，一般为 0.3~0.8，η 是单结晶体管的主要参数之一。

单结晶体管的伏安特性是指它的发射极电压 u_E 与流入发射极电流 i_E 之间的关系。图 1-4-6a 所示是测量伏安特性的实验电路，在 b_2、b_1 间加上固定电源 U_{BB}，并将可调直流电源 U_E 通过限流电阻 R_E 接在 e 和 b_1 之间。

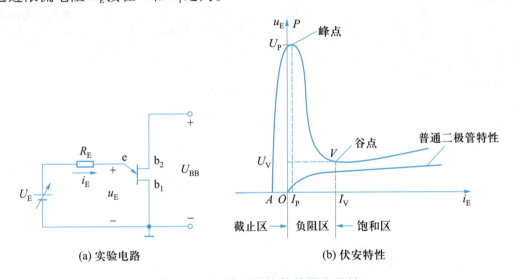

(a) 实验电路   (b) 伏安特性

图 1-4-6 单结晶体管的伏安特性

当外加电压 $U_E < \eta U_{BB}+U_D$ 时（U_D 为 PN 结正向压降），PN 结承受反向电压而截止，故发射极回路只有微安级的反向电流，单结晶体管处于截止区（图 1-4-6b 的 AP 段）。

在 $U_E = \eta U_{BB}+U_D$ 时，对应于图 1-4-6b 中的 P 点，该点的电压和电流分别称为峰点电压 U_P 和峰点电流 I_P。由于 PN 结承受了正向电压而导通，此后 R_{b1} 急剧减小，u_E 随之下降，i_E 迅速增大，单结晶体管呈现负阻特性，负阻区如图 1-4-6b 中的 PV 段所示。

V 点的电压和电流分别称为谷点电压 U_V 和谷点电流 I_V。过了谷点以后，i_E 继续增大，u_E 略有上升，但变化不大，此时单结晶体管进入饱状态。图中对应于谷点 V 右的部分，称为饱和区。当发射极电压减小到 $U_E < U_V$ 时，单结晶体管由导通恢复到截止状态。

综上所述，峰点电压 U_P 是单结晶体管由截止转向导通的临界点。

$$U_P = U_D+U_A \approx U_A = \eta U_{BB}$$

所以，U_P 由分压比 η 和电源电压 U_{BB} 决定。

谷点电压 U_V 是单结晶体管由导通转向截止的临界点，一般 $U_V = 2$~5 V（$U_{BB} = 20$ V）。

国产单结晶体管的型号有 BT31、BT32、BT33 等。BT 表示半导体特种管，3 表示三个电

极,第四个数字表示耗散功率分别为 100 mW、200 mW、300 mW。

2. 单结晶体管的检测

图 1-4-7 所示为单结晶体管 BT33 管脚。好的单结晶体管 PN 结正向电阻 R_{eb1}、R_{eb2} 均较小,且 R_{eb1} 稍大于 R_{eb2},PN 结的反向电阻 R_{b1e}、R_{b2e} 均应很大,根据所测阻值,即可判断出各管脚及管子的质量优劣。

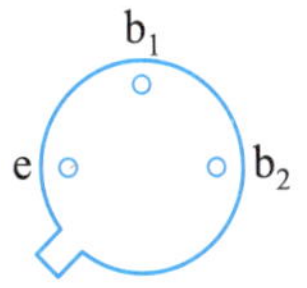

图 1-4-7　单结晶体管 BT33 管脚

思考与练习

一、判断题

1. 二极管两端加正向电压就能导通。(　　)

2. 二极管的正极电位是 -10 V,负极电位是 -5 V,则该二极管处于反偏状态。(　　)

3. 二极管反向击穿后立即烧毁。(　　)

4. 万用表的两根表笔分别接一个二极管的两端,当测得的电阻较小时,红表笔所接的是二极管的正极。(　　)

5. 整流二极管的工作原理是利用它的单向导电性。(　　)

6. 整流电路可将正弦交流电压变为脉动的直流电压。(　　)

7. 电容滤波电路适用于小负载电流,而电感滤波电路适用于大负载电流。(　　)

8. 在单相桥式整流电容滤波电路中,若有一只整流管断开,输出电压平均值将变为原来的一半。(　　)

9. 滤波电容越大,滤波效果便越好。(　　)

10. 单相半波整流电路中的二极管,承受的最大反向电压等于负载平均电压。(　　)

二、选择题

1. 二极管两端加正向电压时_____。

A. 立即导通　　　　　　　　　　B. 超过死区电压就导通

C. 超过 0.2 V 就导通　　　　　　D. 超过击穿电压就导通

2. 用万用表进行测量时,将红、黑表笔分别接在二极管的两端进行第一次测量,再将二极管两个电极对调位置进行第二次测量,若二极管性能良好,则测得的结果是_____。

A. 两次测得阻值接近　　　　　　B. 两次测得阻值相差很大

C. 两次测得阻值都很小　　　　　D. 两次测得阻值都很大

3. 二极管的伏安特性曲线表示二极管_____之间的关系。

A. 电流与电阻　　B. 电压与电阻　　C. 电流与电压　　D. 电压与时间

4. 以下关于单相半波整流电路的各种叙述中,正确的是_____。

A. 流过整流管的电流小于负载电流

B. 流过整流管的电流与负载电流相等

C. 整流管的端电压为零

D. 整流管承受的最大反向电压等于负载电压平均值

5. 题图 1-1 给出了硅二极管和锗二极管的典型伏安特性曲线,其中硅二极管的伏安特性曲线是_____。

A. AOD　　　　　B. AOC　　　　　C. BOD　　　　　D. BOC

6. 题图 1-2 中,三个二极管的正向压降均忽略不计,三个灯的规格一样,则最亮的灯是_____。

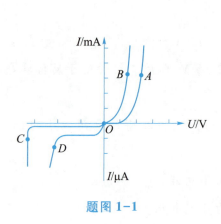

题图 1-1

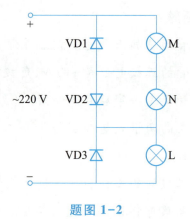

题图 1-2

A. M　　　　　　B. N　　　　　　C. L　　　　　　D. 无法确定

7. 整流电路加电容滤波后,下列说法正确的是_____。

A. 输出电压提高　　B. 输出电压降低　　C. 输出电压不变　　D. 无法确定

8. 题图 1-3 所示电路中,$U_2 = 50\ \text{V}$,$R_L = 1\ \text{k}\Omega$。选择整流管时,其最高反向工作电压 U_{RM} 至少要达到_____。

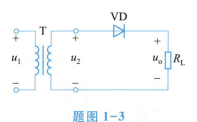

题图 1-3

A. 22.5 V　　　　　B. 45 V　　　　　C. 50 V　　　　　D. 70.7 V

三、填空题

1. 物质按其导电性能分为_____、_____、_____。

2. 若 PN 结的 P 区接电源的_____极,N 区接电源的_____极,称为正向偏置,简称_____;若 PN 结的 P 区接电源的_____极,N 区接电源的_____极,称为反向偏置,简称_____。

3. 锗二极管的死区电压为_____ V,导通电压降为_____ V;硅二极管的死区电压为_____ V,导通电压降为_____ V。

4. 二极管正负极的判断:将万用表置于_____量程挡,然后将红、黑表笔分别与二极管两电极相接,若指针偏转角度较大,说明二极管处于_____偏,与黑表笔相接的是_____极,与红表笔相接的是_____极;若指针偏转角度较小,甚至不动,说明二极管处于_____偏,与黑表笔相接的是_____极,与红表笔相接的是_____极。

5. 将_____转换为_____的电路称为整流电路,常见的整流电路有_____、_____、_____三种。

6. 电容滤波是利用电容的_____特性来滤波的,应将滤波电容与负载_____联。

四、问答与计算题

1. 二极管为理想二极管,试求题图 1-4 所示各电路的输出电压值 U_o。

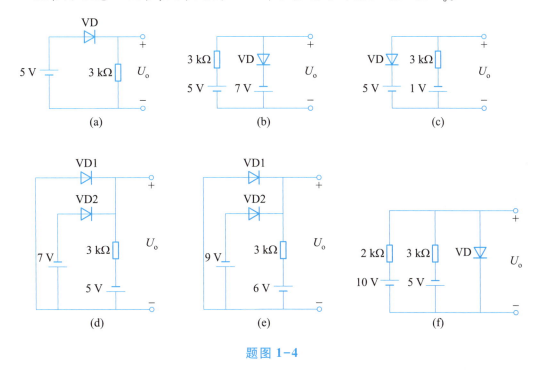

题图 1-4

2. 在题图 1-5 所示电路中,已知输入电压 $u_i = 5\sin\omega t$,设二极管的导通电压 $U_{on} = 0.7$ V。分别画出它们的输出电压 u_o 波形。

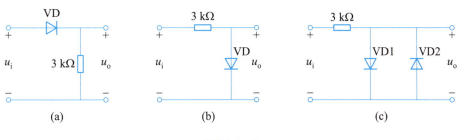

题图 1-5

3. 分析题图 1-6 所示电路中各二极管的工作状态,并计算输出端 Y 点的电位及流过各元件的电流,二极管的导通电压 $U_{on}=0.7\ V$。

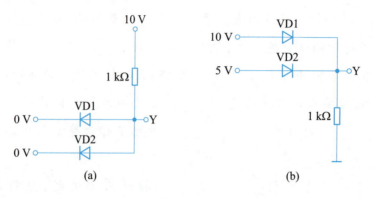

(a)　　　　　　　　　　(b)

题图 1-6

4. 整流滤波电路如题图 1-7 所示,变压器二次电压 $u_2=20\sqrt{2}\sin\omega t$,求出电路在下列四种情况下输出的直流电压 U_o。

1) S1、S2 都闭合。

2) S1、S2 都断开。

3) S1 闭合 S2 断开。

4) S1 断开 S2 闭合。

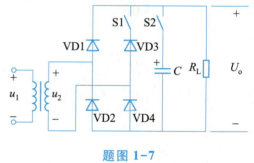

题图 1-7

放大电路的制作与调试

学习目标

1. 了解三极管的结构、图形符号、特性和主要参数，能识别引脚，并合理使用。

2. 会用万用表判别三极管的引脚及质量优劣。

3. 理解共发射极放大电路的结构和主要元器件的作用。

4. 理解小信号放大电路的静态工作点和性能指标（放大倍数、输入电阻、输出电阻）的含义。

5. 会使用万用表调试三极管静态工作点。

6. 了解温度对放大电路静态工作点的影响。

7. 能识读分压式偏置放大电路电路图。

8. 理解基本放大电路的直流通路与交流通路。

9. 熟悉共集电极放大电路的主要特点。

10. 了解多级放大电路的三种级间耦合方式及特点。

11. 理解低频功率放大电路的基本参数要求和分类。

12. 会识读 OTL 功率放大电路的电路原理图。

13. 能按工艺要求装接与调试 OTL 功率放大电路。

14. 熟悉典型集成功放的引脚功能及应用。

15. 知道功率放大器件的安全使用常识。

基本放大电路的制作与测试

课题描述

在本课题中,我们要识别常见三极管,学会用万用表检测常见三极管,并判断三极管质量。根据原理图完成常见放大电路装接,用万用表、示波器等仪器测量电路的静态工作点和输入输出信号,并结合测试结果分析电路组成及工作原理。

知识目标

1. 了解三极管的结构、符号、特性和主要参数。
2. 理解共发射极放大电路的结构和主要元器件作用。
3. 理解小信号放大电路的静态工作点和性能指标(放大倍数、输入电阻、输出电阻)的含义。
4. 能复述温度对放大电路静态工作点的影响。
5. 能识读分压式偏置放大电路电路图。
6. 理解基本放大电路的直流通路与交流通路。
7. 熟悉共集电极放大电路的主要特点。
8. 了解多级放大电路的三种级间耦合方式及特点。

技能目标

1. 能识别三极管各引脚,并合理使用三极管。
2. 会用万用表判别三极管的类型、引脚及质量。
3. 会组装调试基本放大电路。
4. 会使用万用表调试三极管静态工作点。
5. 会用示波器测量放大电路输入输出波形。

任务一 三极管的识别与检测 >>>

知识准备

半导体三极管又称为双极型三极管、晶体三极管,简称三极管,是常用的一种半导体器件。它是通过一定工艺,将两个 PN 结结合在一起的器件。由于 PN 结之间的相互影响,使三极管表现出不同于二极管单个 PN 结的特性,它在电子电路中是核心器件,主要作用是把微弱电信号放大成幅度值较大的电信号。

1. 三极管的结构和图形符号

在一块极薄的硅或锗基片上,经过特殊的加工工艺制作出两个 PN 结,构成三层半导体,对应的三层半导体分别发射区、基区和集电区,从三个区引出的三个电极分别为发射极、基极和集电极,分别用符号 E(e)、B(b)和 C(c)表示。发射区与基区之间的 PN 结称为发射结,集电区与基区之间的 PN 结称为集电结。

需要说明的是,虽然发射区和集电区半导体类型一样,但发射区掺杂浓度比集电区高。在几何尺寸上,集电区面积比发射区大,所以它们并不对称,发射极和集电极不可对调使用。

按照两个 PN 结的组合方式不同,三极管分为 NPN 型和 PNP 型两大类,其结构和图形符号如图 2-1-1 所示。三极管的文字符号一般用 VT 表示,图形符号中,箭头方向表示发射结正向偏置时发射极电流的方向。发射极箭头朝外的是 NPN 型三极管,如图 2-1-1a 所示;发射极箭头朝内的是 PNP 型三极管,如图 2-1-1b 所示。

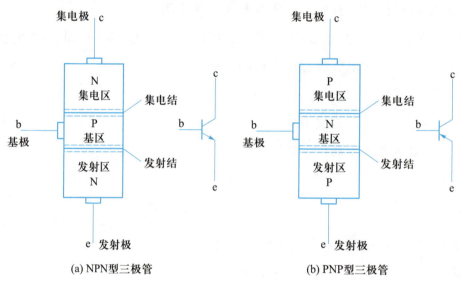

(a) NPN型三极管　　　　　　　　　(b) PNP型三极管

图 2-1-1　三极管的结构和图形符号

2. 三极管的类型

三极管的功率大小不同,它们的体积和封装形式也不一样。常见的三极管的外形如图 2-1-2所示。

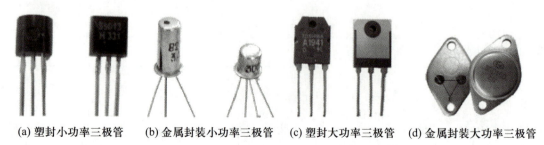

(a) 塑封小功率三极管　　(b) 金属封装小功率三极管　　(c) 塑封大功率三极管　　(d) 金属封装大功率三极管

图 2-1-2　常见三极管的外形

目前微型片状三极管应用很广,通常额定功率为 100～200 mW 的小功率三极管采用 SOT-23 封装,如图 2-1-3a 所示。大功率三极管采用 SOT-89 封装,如图 2-1-3b 所示。

(a) SOT-23封装   (b) SOT-89封装

图 2-1-3　片状三极管

三极管按不同的分类方法可分为多种,具体类型见表 2-1-1。

表 2-1-1　三极管的类型

分类方法	种类	应用
按极性分	NPN 型三极管	目前常用的三极管,电流从集电极流向发射极
	PNP 型三极管	电流从发射极流向集电极
按材料分	硅三极管	热稳定性好,是常用的三极管
	锗三极管	反向电流大,受温度影响较大,热稳定性差
按工作频率分	低频三极管	工作频率比较低,用于直流放大、音频放大电路
	高频三极管	工作频率比较高,用于高频放大电路
按功率分	小功率三极管	输出功率小,用于功率放大器末前级放大电路
	大功率三极管	输出功率较大,用于功率放大器末级放大电路(输出级)
按用途分	放大管	应用在模拟电路中
	开关管	应用在数字电路中

3. 三极管的型号

三极管的型号组成及含义见表 2-1-2。

表 2-1-2　三极管的型号组成及含义

第一部分 (数字)		第二部分 (拼音)		第三部分 (拼音)		第四部分 (数字)	第五部分 (拼音)
电极数		材料和极性		类型			
符号	意义	符号	意义	符号	意义		
3	三极管	A	PNP 型锗材料	X	低频小功率	序号	规格号
		B	NPN 型锗材料	G	高频小功率		
		C	PNP 型硅材料	D	低频大功率		
		D	NPN 型硅材料	A	高频大功率		
				K	开关		

具体型号示例如下。

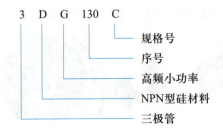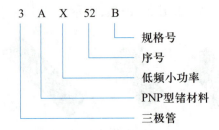

任务实施

1. 常见三极管的识别

对于金属封装小功率三极管,如图 2-1-4a 所示,三根引脚 e、b、c 呈等腰三角形分布,等腰三角形的左脚为发射极 e。有的管体上有一个突出键,则靠近突出键的是发射极。金属封装大功率三极管一般只有两个引脚 b、e,另一个集电极为金属外壳,如图 2-1-4b 所示。

塑封小功率三极管和塑封大功率三极管管脚排列分别如图 2-1-4c、d 所示。

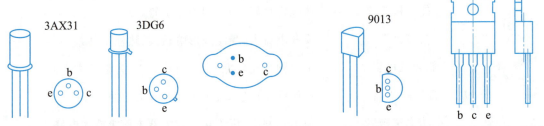

(a) 金属封装小功率三极管   (b) 金属封装大功率三极管   (c) 塑封小功率三极管   (d) 塑封大功率三极管

图 2-1-4   典型三极管引脚排列

2. 三极管电流放大作用和分配关系的测量

(1) 电子电路

图 2-1-5 所示电路中,V_{BB}、V_{CC} 分别接入 0~30 V 可调电压源,R_B 为 100 kΩ,R_C 为 1.2 kΩ,VT 为三极管 C9014。

(2) 仪器仪表工具

0~30 V 双路直流稳压电源 1 台,毫安表 2 只,微安表 1 只,万用表 1 只,镊子 1 把。

(3) 电路制作

1) 识读三极管各极电流分配关系测量电路图。

2) 根据阻值大小和三极管型号正确选择器件。

3) 注意元器件引脚间距尺寸要符合通用电路板插孔间距要求。

4) 在通用电路板上按电路图正确插装成形好的元器件,并用导线把它们连接好。注意

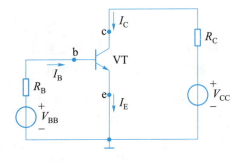

图 2-1-5   NPN 型三极管各极电流分配关系的测量电路

三极管 e、b、c 电极。

（4）电路测试

1）按上述制作步骤完整接好电路并检查，通电检测。

2）在基极回路串接微安表，在发射极和集电极回路中串接毫安表。

3）接入电源电压 $V_{BB}=0\ \text{V}$、$V_{CC}=20\ \text{V}$，观察三极管集电极回路毫安表中有无集电极电流，并记录。

4）改变电源电压 V_{BB}，使 I_B 为表 2-1-3 中所给的各数值，并测出此时相应 I_C 和 I_E 的值，求出 I_C/I_B 值，并填入表 2-1-3 中。

表 2-1-3　测试数据记录表

$I_B/\mu A$	0	10	20	50
I_C/mA				
I_E/mA				
I_C/I_B	—			

（5）实验数据分析

1）观察电流 I_B 与电流 I_C 的变化关系，可以发现，当电流 I_B 有一个微小的变化，电流 I_C 则会产生一个_____的变化，我们称这种现象为三极管的电流放大作用。

2）电流 I_C 与 I_E 的关系是_____，电流 I_E 与 I_B、I_C 三者之间的关系是_____。

（6）实验结论

1）三极管各极电流的分配关系为 $I_E=I_C+I_B$、$I_C\approx I_E$。

2）三极管具有电流放大作用。三极管是一个电流控制器件，三极管与二极管的最大不同之处就是它具有电流放大作用。电流放大系数表示三极管基极电流对集电极电流的控制能力，有交流放大系数和直流放大系数之分。

共发射极直流放大系数 $\overline{\beta}$（也可以用 h_{FE} 表示）

$$\overline{\beta}=\frac{I_C}{I_B}$$

共发射极交流放大系数 β（也可以用 h_{fe} 表示）

$$\beta=\frac{\Delta i_C}{\Delta i_B}$$

$\overline{\beta}$ 和 β 在定义上不同，所表示的物理意义也是不同的。对于一只三极管，在放大区内 β 比 $\overline{\beta}$ 大，但两者相差不大，一般情况下在数值上把两者看成基本相等。

3）三极管实现电流放大作用的外部条件。三极管实现电流放大作用的外部条件就是给它设置合适的偏置电压，即在发射结加正向电压（正向偏置），在集电结加反向电压（反向偏置）。因此 NPN 型三极管的集电极电位高于基极电位，基极电位高于发射极电位，即 $V_C>V_B>V_E$，PNP 型三极管的情况正好相反，即 $V_E>V_B>V_C$。

知识准备

1. 三极管在电路中的基本连接方式

利用三极管组成的放大电路可把其中一个电极作为信号的输入端，一个电极作为信号的输出端，另一个电极作为输入、输出回路的共同端。根据共同端的不同，三极管有三种连接方式：共发射极接法、共集电极接法、共基极接法，如图 2-1-6 所示。

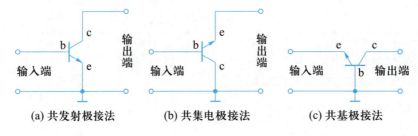

(a) 共发射极接法　　(b) 共集电极接法　　(c) 共基极接法

图 2-1-6　三极管在电路中的三种基本连接方式

2. 三极管的共发射极特性曲线

三极管各极上电压和电流之间的关系，也可以通过伏安特性曲线直观地描述。三极管的特性曲线主要有输入特性曲线和输出特性曲线两种，可以用晶体管特性图示仪直接观察，也可通过图 2-1-7 所示电路来测试。

（1）三极管的输入特性

输入特性曲线是指在 U_{CE} 一定的条件下，加在三极管基极与发射极之间的电压 u_{BE} 和它产生的基极电流 i_B 之间关系的曲线，如图 2-1-8 所示。

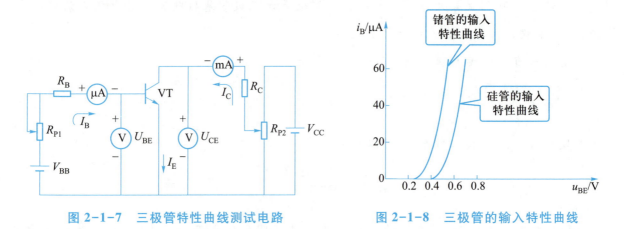

图 2-1-7　三极管特性曲线测试电路　　**图 2-1-8　三极管的输入特性曲线**

三极管的输入特性曲线与二极管的正向特性曲线相似，当发射结上所加正向电压 u_{BE} 小于死区电压时，i_B 为 0；当发射结的正向电压 u_{BE} 大于死区电压时产生基极电流 i_B，三极管处于放大状态。此时，发射结两端电压 U_{BE}，硅管约为 0.7 V，锗管约为 0.3 V。

（2）三极管的输出特性

三极管的输出特性曲线是指在 i_B 一定的条件下，集射极之间的电压 u_{CE} 与集电极电流 i_C 之间的关系曲线，如图 2-1-9 所示。

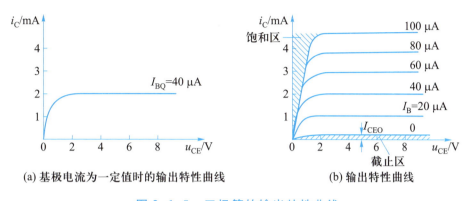

(a) 基极电流为一定值时的输出特性曲线　　(b) 输出特性曲线

图 2-1-9　三极管的输出特性曲线

每条曲线可分为线性上升、弯曲、平坦三部分，如图 2-1-9a 所示。对应不同 i_B 值可得到不同的曲线，从而形成曲线簇。各条曲线上升部分很陡，几乎重合，平直部分则按 i_B 值由小到大从下往上排列，当 i_B 的取值间隔均匀时，相应的特性曲线在平坦部分也均匀，且与横轴平行，如图 2-1-9b 所示。

三极管的输出特性曲线分为三个区域，不同的区域对应着三极管的三种不同工作状态，表 2-1-4 所列为 NPN 型三极管的三种工作状态。在模拟电路中，三极管一般作为放大管使用，工作在放大状态。在数字电路中，三极管常作为开关管使用，工作于饱和或截止状态。

表 2-1-4　NPN 型三极管的三种工作状态

工作状态	截止状态	饱和状态	放大状态
条件	发射结反偏，集电结反偏	发射结正偏，集电结正偏	发射结正偏，集电结反偏
各极电流	$I_B = 0, I_C = I_{CEO} \approx 0$	各电极电流都很大，I_C 不再受 I_B 控制	1）当 I_B 一定时，I_C 的大小与 U_{CE} 基本无关（但 U_{CE} 的大小则随 I_C 的大小而变化），具有恒流特性 2）I_C 受 I_B 控制，具有电流放大作用，$I_C = \beta I_B$
发射结压降 U_{BE}	$U_{BE} \leq U_{on}$（发射结死区电压，硅管 $U_{on} \approx 0.5$ V，锗管 $U_{on} \approx 0.1$ V）	硅管：$U_{BE} \geq 0.7$ V 锗管：$U_{BE} \geq 0.3$ V	硅管：$U_{BE} = 0.6 \sim 0.7$ V 锗管：$U_{BE} = 0.2 \sim 0.3$ V

续表

工作状态	截止状态	饱和状态	放大状态
集射极间压降 U_{CE}	$U_{CE} \approx V_{CC}$（集射极间电源电压）	三极管饱和管压降 U_{CES}，小功率硅管约为 0.3 V，锗管约为0.1 V	$U_{CE} > U_{BE}$
集电极与发射极之间等效电路	集电极与发射极之间等效电阻很大，相当于开路（开关断开）	集电极与发射极之间等效电阻很小，相当于短路（开关闭合）	集电极与发射极之间相当于一只可变电阻，电阻的大小受基极电流大小控制。基极电流大，集电极与发射极间的等效电阻小，反之则大

3. 三极管的主要参数

（1）电流放大系数

电流放大系数也称为电流放大倍数。三极管是一个电流控制器件，电流放大系数表示三极管基极电流对集电极电流的控制能力。电流放大系数有共发射极电流放大系数和共基极电流放大系数，同时又有交流放大系数和直流放大系数之分。

共发射极直流电流放大系数 $\overline{\beta}$（也可以用 h_{FE} 表示）

$$\overline{\beta} = \frac{I_C}{I_B}$$

共发射极交流电流放大系数 β（也可以用 h_{fe} 表示）

$$\beta = \frac{\Delta i_C}{\Delta i_B}$$

（2）极间反向电流

1）集电极-基极间的反向电流 I_{CBO}，即发射极开路时，c-b 极间的反向电流。I_{CBO} 测试电路如图 2-1-10 所示。I_{CBO} 越小，集电结的单向导电性越好。

2）集电极-发射极间反向饱和电流 I_{CEO}，即基极开路时（$I_B = 0$），c-e 极间的反向电流，又称为"穿透电流"。I_{CEO} 测试电路如图 2-1-11 所示。

I_{CEO} 与 I_{CBO} 之间的关系是 $I_{CEO} = (1+\beta)I_{CBO}$。$I_{CEO}$ 易受环境温度变化的影响，当温度升高时，I_{CEO} 增大。在选用三极管时，要求选用 I_{CEO} 小的管子。小功率硅管的 I_{CEO} 在几微安以下，锗管为几十微安到几百微安。

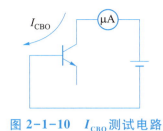

图 2-1-10 I_{CBO}测试电路

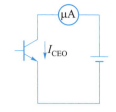

图 2-1-11 I_{CEO}测试电路

极间反向饱和电流是衡量三极管工作稳定性的重要参数,其值越小,管子的工作稳定性越好。硅管的稳定性要比锗管好。

（3）三极管的极限参数

1）集电极-发射极击穿电压 $U_{(\mathrm{BR})\mathrm{CEO}}$。$U_{(\mathrm{BR})\mathrm{CEO}}$是三极管基极开路时,集电极与发射极之间最大允许电压。如果 $U_{\mathrm{CE}}>U_{(\mathrm{BR})\mathrm{CEO}}$,可能会使三极管击穿。

2）集电极最大允许耗散功率 P_{CM}。三极管工作时,在集电极上消耗的功率为 $P_{\mathrm{C}}=I_{\mathrm{C}}U_{\mathrm{CE}}$,这个功率损耗转化为热量,使三极管的结温升高。结温过高就会使管子的参数变化,甚至烧毁。P_{CM}为集电极最大允许功率损耗,即在使用中必须使 $P_{\mathrm{C}}<P_{\mathrm{CM}}$。

3）集电极最大允许电流 I_{CM}。三极管的电流放大系数 β 是随集电极电流 I_{C} 变化的,I_{C} 增大时 β 变小,一般把 β 值下降到规定允许值的 2/3 时的集电极电流值称为集电极最大允许电流。使用中当 $I_{\mathrm{C}}>I_{\mathrm{CM}}$ 时,虽不一定使管子损坏,但由于 I_{C} 增大,会使 β 下降到不合适的程度,所以一般不允许 I_{C} 超过 I_{CM}。

任务实施

1. 识别三极管的型号

识别给定三极管的型号,并填入表 2-1-5 中。

2. 检测三极管

完成三极管的检测,确定三极管的管型、材料及各引脚的名称,并填入表 2-1-5 中。

表 2-1-5　小功率管三极管的测试

三极管型号	黑表笔接①脚		黑表笔接②脚		黑表笔接③脚		各引脚名称			类型		参数
	R_{12}	R_{13}	R_{21}	R_{23}	R_{31}	R_{32}	①	②	③	极性	材料	$\bar{\beta}$

（1）确定基极和管型

1）定义三极管三个引脚分别为①②③脚,选用指针式万用表的 $R\times100$ 或 $R\times1\mathrm{k}$ 挡。

2) 用黑表笔接三极管①脚,并假定此引脚为基极,用红表笔分别接另两个引脚②③。测得 R_{12} 和 R_{13} 的阻值,并填于表 2-1-5 中。

再用黑表笔接三极管②脚,并假定此引脚为基极,用红表笔分别接另两个引脚①③。测得 R_{21} 和 R_{23} 的阻值,并填于表 2-1-5 中。

再用黑表笔接三极管③脚,并假定此引脚为基极,用红表笔分别接另两个引脚①②。测得 R_{31} 和 R_{32} 的阻值,并填于表 2-1-5 中。

3) 如果两次测得的阻值均较小(或均较大),则黑表笔所接引脚为基极。两次测得阻值均较小的是 NPN 型管,两次测得阻值均较大的是 PNP 型管。将判断结果填入表 2-1-5 中。

(2) 判别三极管的集电极和发射极

判别三极管的集电极和发射极的方法较多,这里介绍测电流放大系数的方法。

以 NPN 型三极管为例,在已判断出了基极和管型的情况下,假设余下两引脚中一脚为集电极,将万用表黑表笔接所设的集电极,红表笔接另一脚。然后,在所设集电极和基极之间加上一人体电阻(用手同时捏紧基极和红表笔所接引脚),如图 2-1-12 所示。这时注意观察表针的偏转情况,记住表针偏转的位置。交换表笔,设引脚中另一脚为集电极,仍在所设集电极和基极之间加上人体电阻,观察表针的偏转位置。两次假设中,指针偏转大的一次黑表笔所接电极是集电极,另一电极是发射极。

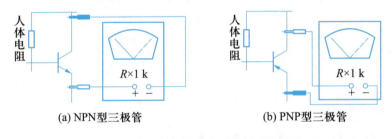

(a) NPN型三极管   (b) PNP型三极管

图 2-1-12   集电极和发射极的判别

对于 PNP 型三极管,黑表笔接所设发射极,仍在基极和集电极之间加人体电阻,观察指针的偏转大小,指针偏转大的一次,黑表笔接的是发射极。将判断结果填入表 2-1-5 中。

对于一只三极管,在集电极和基极之间加上人体电阻时,指针偏转角度越大,可以粗略地说明三极管的电流放大系数越大。指针偏转角度越小,电流放大系数也就越小。

(3) 三极管 β 值估测

选择能测 h_{FE} 的万用表,如 MF47 型指针式万用表。如图 2-1-13 所示,将万用表置于 h_{FE} 挡,根据被测三极管的管型,将三极管的引脚插入 NPN 或 PNP 对应的插孔中,以测量三极管的 $h_{FE}(\beta)$,然后将管子反插再测一遍,两次测量结果明显不同。其中,测得 $h_{FE}(\beta)$ 值比较大的一次,测得的 $h_{FE}(\beta)$ 值即为该三极管 β 的估测值。此时三极管的三个引脚恰好分别对应 NPN 或 PNP 插孔上的 e、b、c。将判断结果填入表 2-1-5 中。若欲获得三极管 β 的确切值,可以进一步通过晶体管特性图示仪进行测量。

图 2-1-13 用万用表估测三极管 β 值

任务二 共射极放大电路的制作与测试 >>>

▌知识准备

1. 放大电路的基本概念

放大电路又称为放大器,它的主要功能是将输入信号不失真地放大。例如,常见的音响功率放大器就是一个典型的把微弱声音变大的放大电路。声音先经过话筒,把声波转换成微弱的电信号,经过功率放大器,转换为较强的电信号,然后经过扬声器把放大后的电信号还原为较强的声音。放大电路的结构如图 2-2-1 所示。它在各种电子设备中应用极广,种类也很多。放大电路按信号频率高低可分为低频放大电路、中频放大电路、高频放大电路和直流放大电路。按用途不同可分为电压放大电路、电流放大电路和功率放大电路。按信号强弱又可分为小信号放大电路和大信号放大电路。

2. 放大电路的主要技术指标

(1)放大倍数

输出信号的电压和电流幅度得到了放大,所以输出功率也会有所放大。对放大电路而言有电压放大倍数、电流放大倍数和功率放大倍数。放大倍数定义中各有关量如图 2-2-2 所示。

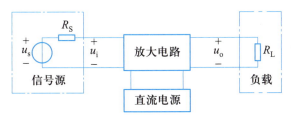

图 2-2-1 放大电路的结构

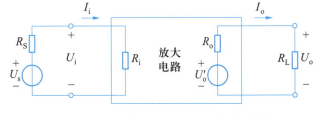

图 2-2-2 放大倍数定义中各有关量

电压放大倍数定义为

$$A_V = \frac{U_o}{U_i}$$

电流放大倍数定义为

$$A_i = \frac{I_o}{I_i}$$

功率放大倍数定义为

$$A_P = \frac{P_o}{P_i}$$

（2）输入电阻 R_i

如图 2-2-2 所示，输入电阻 R_i 是从放大电路的输入端看进去的等效电阻，R_i 对信号源来说就是负载，表明放大电路从信号源吸取电流大小的参数。R_i 越大，U_i 越接近信号源电压 U_s，信号电压损失越小。R_i 的定义为

$$R_i = \frac{U_i}{I_i}$$

（3）输出电阻 R_o

输出电阻 R_o 是从放大电路输出端看进去的等效电阻，如图 2-2-2 所示，它表明放大电路带负载的能力，R_o 越小，U_o 的变化越小，表明放大电路带负载的能力越强。R_o 定义为

$$R_o = \frac{U_o}{I_o}$$

注意：放大电路的放大倍数、输入电阻、输出电阻通常都是在正弦信号下的交流参数，只有在放大电路处于放大状态且输出不失真的条件下才有意义。

3. 共发射极基本放大电路

（1）共发射极基本放大电路组成

用三极管组成放大器时，根据公共端（电路中各点电位的参考点）的不同，有三种连接方式，即共发射极放大电路、共集电极放大电路和共基极放大电路。图 2-2-3 所示为应用最广的共发射极基本放大电路。其中图 2-2-3a 所示为采用双电流源供电的共发射极基本放大电路。为了简化电路，在实际应用中常采用单电源供电，如图 2-2-3b 所示，习惯画成如图 2-2-3c 所示的电路形式。外加信号从基极和发射极间（1-1'）输入，输出信号从集电极和发射极间（2-2'）输出。输入电压 u_i、输出电压 u_o 的公共端在电路中用"⊥"表示，作为电位的参考点。直流电源 +V_{CC} 表示该点相对"⊥"的电位为 +V_{CC}。

（2）共发射极基本放大电路各元件的作用

1）三极管 VT：是整个放大电路的核心，其作用是实现电流放大。

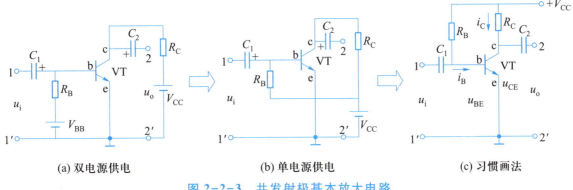

(a) 双电源供电   (b) 单电源供电   (c) 习惯画法

图 2-2-3 共发射极基本放大电路

2）直流电源 V_{CC}：它的作用一是保证三极管处于放大状态，通过电阻 R_B 向发射结提供正偏电压，通过电阻 R_C 向集电结提供反偏电压；二是为整个放大电路提供能量。

3）基极偏置电阻 R_B：由它与直流电源共同为基极提供合适的偏置电流 I_B。R_B 一般为几十千欧至几百千欧。

4）集电极偏置电阻 R_C：它的作用一是与直流电源一起向集电结提供反偏电压；二是将集电极电流 i_C 的变化转换成集电极电压 u_{CE} 的变化。否则，若 $R_C = 0$，则 u_{CE} 恒等于 V_{CC}，输出电压 u_o 等于 0，电路失去放大作用。R_C 一般为几千欧至几十千欧。

5）输入、输出耦合电容 C_1 和 C_2：起隔直流、通交流的作用。在低频放大电路中，C_1 和 C_2 通常采用电解电容，使用时注意正负极性。

（3）电路中电压和电流符号的规定

1）直流分量：用大写字母和大写下标表示，如 I_B、I_C、I_E、U_{BE}、U_{CE}。

2）交流分量：用小写字母和小写下标表示，如 i_b、i_c、i_e、u_{be}、u_{ce}、u_i、u_o。

3）总量：是直流分量和交流分量叠加，用小写字母和大写下标表示，如 i_B、i_C、i_E、u_{BE}、u_{CE}。

图 2-2-4 所示为 i_B 及各分量示意图。

（4）共发射极基本放大电路静态工作点

1）静态工作点。所谓静态是指放大电路在没有交流信号输入（即 $u_i = 0$）时的工作状态。这时放大电路的基极电流 I_B、集电极电流 I_C、集电极与发射极间的电压 U_{CE} 的值称为静态值。静态值分别在输入、输出特性曲线上对应着一点，记作 Q，图 2-2-5 所示为在输出特性曲线上对应的 Q 点。通常把 Q 点称为静态工作点，Q 点对应的三个量分别用 I_{BQ}、I_{CQ} 和 U_{CEQ} 表示。

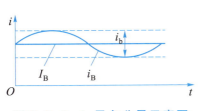

图 2-2-4 i_B 及各分量示意图

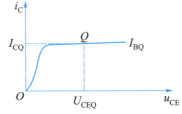

图 2-2-5 输出特性曲线上对应的 Q 点

2）静态工作点的作用。为使放大电路能正常工作,放大电路必须有一个合适的静态工作点,首先必须有一个合适的偏置电流 I_{BQ}。

若不接基极电阻 R_B,即三极管发射结无偏置电压,如图 2-2-6a 所示。这时偏置电流 $I_{BQ}=0$,$I_{CQ}=0$,静态工作点在坐标原点。当输入电压 u_i 时,三极管的发射结等效为一个二极管。当 u_i 为正半周时,三极管发射结正向偏置。由于三极管的输入特性曲线同二极管一样存在死区,所以只有当输入信号电压超过死区电压时,三极管才能导通,产生基极电流 i_B。当输入信号电压 u_i 为负半周时,发射结反向偏置,三极管截止,$i_B=0$。基极电流随输入信号电压变化的波形如图 2-2-6b 所示。显然,基极电流 i_B 产生了失真。

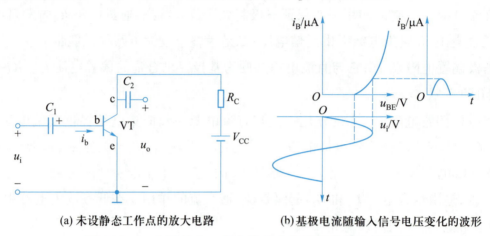

(a) 未设静态工作点的放大电路　　　　(b) 基极电流随输入信号电压变化的波形

图 2-2-6　未设静态工作点的放大电路及基极电流波形

若接上基极电阻 R_B,如图 2-2-7a 所示,电源 V_{CC} 通过 R_B 在三极管基极与发射极间加上偏置电压 U_{BEQ},产生一定的基极电流 I_{BQ}。U_{BEQ} 和 I_{BQ} 在输入特性曲线上确定一点 Q,该点即为放大电路的静态工作点,如图 2-2-7b 所示。若设置了合适的静态工作点,当输入信号电压 u_i 时,则 u_i 与静态时三极管基极与发射极间的电压 U_{BEQ} 叠加为三极管的发射结两端电压,若发射结两端电压始终大于三极管的死区电压,那么在输入电压的整个周期内三极管始终处于导通状态,即随输入电压 u_i 的变化均有基极电流,这样放大电路就能不失真地把输入信号放大。

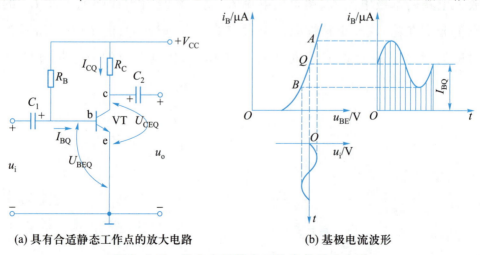

(a) 具有合适静态工作点的放大电路　　　　(b) 基极电流波形

图 2-2-7　具有合适静态工作点的放大电路

由此可见,一个放大电路必须设置静态工作点,这是放大电路能不失真放大交流信号的条件。

（5）共发射极基本放大电路放大原理

上面讨论了共发射极基本放大电路的组成及各元器件的作用,明确了设置静态工作点的意义。下面讨论共发射极基本放大电路的放大原理,即给放大电路输入一个交流信号电压,经放大电路放大输出信号的情况（图 2-2-8a）。

1）输入信号 $u_i = 0$ 时,输出信号 $u_o = 0$。这时在直流电源电压 V_{CC} 作用下,通过 R_B 产生了 I_{BQ},经三极管得到 I_{CQ},I_{CQ} 通过 R_C 在三极管的 c-e 极间产生了 U_{CEQ}。I_{BQ}、I_{CQ}、U_{CEQ} 均为直流量。

2）若输入信号电压 u_i,通过电容 C_1 送到三极管的基极和发射极之间,与直流电压 U_{BEQ} 叠加,这时基极总电压为

$$u_{BE} = U_{BEQ} + u_i$$

在 u_i 的作用下产生基极电流 i_b,这时基极总电流为

$$i_B = I_{BQ} + i_b$$

i_b 经三极管的电流放大,这时集电极总电流为

$$i_C = I_{CQ} + i_c$$

i_C 在集电极电阻 R_C 上产生电压降 $i_C R_C$,使集电极电压 $u_{CE} = V_{CC} - i_C R_C$

经变换得
$$u_{CE} = V_{CC} - (I_{CQ} + i_c) R_C$$
$$= U_{CEQ} + (-i_c R_C)$$

即
$$u_{CE} = U_{CEQ} + u_{ce}$$

由于电容 C_2 的隔直作用,在放大电路的输出端只有交流分量 u_{ce} 输出,输出的交流电压为

$$u_o = u_{ce} = -i_c R_C$$

式中负号表示输出的交流电压 u_o 与 i_c 相位相反。

只要电路参数能使三极管工作在放大区,则 u_o 的变化幅度将比 u_i 变化幅度大很多倍,由此说明该放大电路对 u_i 进行了放大。

电路中,u_{BE}、i_c 和 u_{CE} 都是随 u_i 的变化而变化,它的变化作用顺序如下:

$$u_i \rightarrow u_{BE} \rightarrow i_b \rightarrow i_c \rightarrow u_{CE} \rightarrow u_o$$

放大电路动态工作时,各电极电压和电流的工作波形如图 2-2-8b 所示。

从工作波形可以看出:

1）输出电压 u_o 的幅度比输入电压 u_i 的幅度大,说明放大电路实现了电压放大。u_i、i_b、i_c 三者频率相同,相位相同,而 u_o 与 u_i 相位相反,这说明共发射极放大电路具有"反相"放大作用。

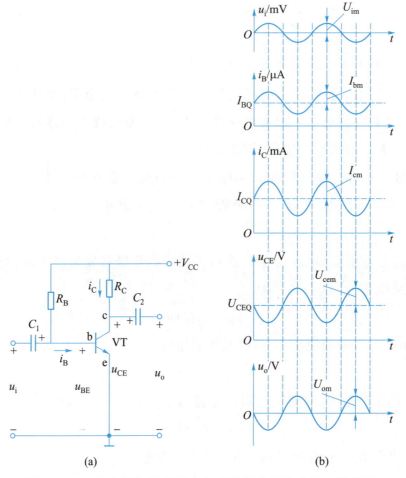

图 2-2-8　共发射极基本放大电路各极电压和电流工作波形

2）动态时，u_{BE}、i_B、i_C、u_{CE} 都是直流分量和交流分量的叠加，波形也是两种分量的合成。

必须注意：不能简单认为，只要对输入电压进行了放大就是放大电路。从本质上说，上述电压放大作用是一种能量转换作用，即在很小的输入信号能量控制下，将电源的直流能量转变成了较大的输出信号能量。<u>放大电路的输出功率必须比输入功率要大，否则不能算是放大电路</u>。例如，升压变压器可以增大电压幅度，但由于它的输出功率总比输入功率小，因此就不能称它为放大电路。

（6）估算法分析共发射极基本放大电路

已知电路各元器件的参数，利用公式通过近似计算来分析放大电路性能的方法称为估算法。在分析低频小信号放大电路时，一般采用估算法较为简便。

输入交流信号后，放大电路中总是同时存在着直流分量和交流分量两种成分。由于放大电路中通常都存在电抗性元件，所以直流分量和交流分量的通路是不一样的。在进行电路分析和计算时，把两种不同分量作用下的通路区别开来，这样将使电路的分析更方便。

1）估算静态工作点。由于静态只研究直流，为分析方便起见，可根据直流通路进行分析。所谓直流通路是指直流信号流通的路径。<u>因电容具有隔直作用，所以在画直流通路时，把电容看作断路</u>。例如，图 2-2-9b 为图 2-2-9a 所示的共发射极基本放大电路的直流通路。由直流通路可推导出有关估算静态工作点的公式。

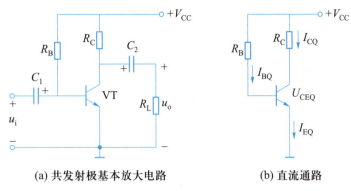

(a) 共发射极基本放大电路   (b) 直流通路

图 2-2-9 共发射极基本放大电路及其直流通路

U_{BEQ} 基本不变(硅管约为 0.7 V,锗管约为 0.3 V),且有:

基极偏置电流

$$I_{BQ} = \frac{V_{CC} - U_{BEQ}}{R_B} \approx \frac{V_{CC}}{R_B}$$

静态集电极电流

$$I_{CQ} \approx \beta I_{BQ}$$

静态集电极与发射极间电压

$$U_{CEQ} = V_{CC} - I_{CQ} R_C$$

2) 估算放大电路的输入电阻、输出电阻和电压放大倍数。由于输入、输出电阻及电压放大倍数均只与放大电路的交流量有关,为了方便计算,只需画交流通路来进行分析。所谓交流通路是指交流信号流通的路径。在画交流通路时,因电容通交流,而直流电源的内阻又很小,所以把电容和直流电源都视为交流短路。图 2-2-10b 为图 2-2-10a 所示电路的交流通路。为了研究问题简便起见,三极管在低频小信号时,基极和发射极间用线性电阻 r_{be} 来等效,集电极和发射极间可等效为一恒流源,恒流源的电流大小为 βi_b,方向与集电极电流 i_c 的方向相同。等效后的电路如图 2-2-10c 所示。

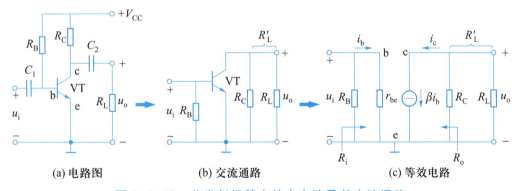

(a) 电路图   (b) 交流通路   (c) 等效电路

图 2-2-10 共发射极基本放大电路及其交流通路

该等效电路中

$$r_{be} = 300 + (1+\beta)\frac{26}{I_{EQ}}$$

其中,I_{EQ} 为静态时发射极电流,单位为 mA。

一般情况下，r_{be} 为 1 kΩ 左右。

① 输入、输出电阻。放大电路的输入电阻是指从放大电路的输入端看进去的交流等效电阻。由等效电路（图 2-2-10c）可得

$$R_i = R_B \mathbin{/\mkern-5mu/} r_{be}$$

因为 R_B 远大于 r_{be}，所以

$$R_i \approx r_{be}$$

对负载来说，放大电路又相当于一个具有内阻的信号源，这个内阻就是放大电路的输出电阻。从等效电路（图 2-2-10c）可看出

$$R_o \approx R_C$$

对信号源来说，放大电路是其负载，输入电阻 R_i 表示信号源的负载电阻，如图 2-2-11 所示。一般情况下，希望放大电路的输入电阻尽可能大些，这样向信号源（或前一级电路）吸取的电流小，取得的信号电压 u_i 就越大，有利于减轻信号源的负担。但从上式可以看出，共发射极放大电路的输入电阻是比较小的。

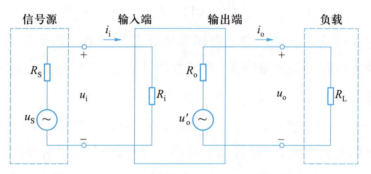

图 2-2-11　放大电路的输入电阻和输出电阻

对负载来说，放大电路相当于信号源，放大电路的输出电阻 R_o 是信号源的内阻，如图 2-2-11 所示。当负载发生变化时，输出电压发生相应的变化。因此，为了提高放大电路的带负载能力，应设法降低放大电路的输出电阻。但是，从公式可看出，共发射极放大电路的输出电阻是比较大的。

② 电压放大倍数。放大电路的电压放大倍数是指输出电压 u_o 与输入电压 u_i 的比值，即

$$A_u = \frac{u_o}{u_i}$$

由等效电路（图 2-2-10c）可看出：

输入信号电压　　　　　　　　$u_i = i_b r_{be}$

输出信号电压　　　　　　　　$u_o = -i_c R'_L = -\beta i_b R'_L$

式中 $R'_L = R_C \mathbin{/\mkern-5mu/} R_L$ 为放大电路的等效负载电阻，则

$$A_u = -\frac{\beta R'_L}{r_{be}}$$

当放大电路不带负载（即空载）时，上式中 $R'_L = R_C$，即放大电路空载时的电压放大倍数为

$$A_{uO} = -\frac{\beta R_c}{r_{be}}$$

显然　　　　　　　　　　　　　　　　　$A_{uO} > A_u$

例：如图 2-2-10 所示的共发射极基本放大电路中，设 $V_{CC} = 12$ V，$R_B = 300$ kΩ，$R_C = 2$ kΩ，$\beta = 50$，$R_L = 2$ kΩ。试求静态工作点、输入电阻 R_i、输出电阻 R_o 和电压放大倍数。

解：由公式可得：

静态偏置电流　　　　　$I_{BQ} \approx \dfrac{V_{CC}}{R_B} = \dfrac{12}{300}$ mA = 0.04 mA = 40 μA

静态集电极电流　　　　$I_{CQ} \approx \beta I_{BQ} = 50 \times 0.04$ mA = 2 mA

静态集电极电压　　　　$U_{CEQ} = V_{CC} - I_{CQ} R_C = 12$ V $- 2 \times 2$ V = 6 V

三极管的交流输入电阻

$$r_{be} = 300 + (1+\beta)\frac{26}{I_{EQ}} = 963 \ \Omega \approx 0.96 \ \text{k}\Omega$$

放大电路的输入电阻　　　　$R_i \approx r_{be} = 0.96$ kΩ

放大电路的输出电阻　　　　$R_o \approx R_C = 2$ kΩ

等效负载电阻　　　　　　　$R_L' = \dfrac{R_C R_L}{R_C + R_L} = 1$ kΩ

放大电路的电压放大倍数　　$A_u = -\dfrac{\beta R_L'}{r_{be}} = -\dfrac{50 \times 1}{0.96} \approx -52$

4. 分压式偏置放大电路

前面介绍的共发射极基本放大电路是通过调节偏置电阻 R_B 来设置静态工作点的。当偏置电阻 R_B 的阻值确定之后，I_{BQ} 就被确定了，所以这种电路又称固定偏置电路。这种电路虽然结构简单，但它最大的缺点是静态工作点不稳定，当环境温度变化、电源电压波动，或更换晶体管时，都会使原来的静态工作点改变，严重时会使放大电路不能正常工作。

在影响工作点稳定的各种因素中，温度是主要因素。因为当环境温度改变时，三极管的参数会发生变化，特性曲线也会发生相应的变化。要使在温度变化时，保持静态工作点稳定不变，可采用分压式偏置放大电路。

（1）分压式偏置放大电路的结构

图 2-2-12a 所示为分压式偏置放大电路，和前面介绍的共发射极基本放大电路的区别在于：三极管基极接了两个分压电阻 R_{B1} 和 R_{B2}，发射极串联了电阻 R_E 和电容器 C_E。

（2）工作点稳定原理

该电路利用上偏置电阻 R_{B1} 和下偏置电阻 R_{B2} 组成串联分压器，为基极提供稳定的静态工作电压 U_{BQ}。

设流过 R_{B1} 的电流为 I_1，流过 R_{B2} 的电流为 I_2，则 $I_1 = I_2 + I_{BQ}$。

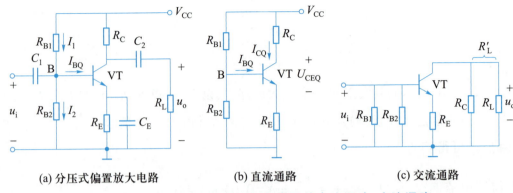

(a) 分压式偏置放大电路　　　(b) 直流通路　　　(c) 交流通路

图 2-2-12　分压式偏置放大电路及其直流通路、交流通路

如果电路满足条件 I_2 远大于 I_{BQ}，即可认为 $I_2 \approx I_1$，那么当 I_{BQ} 发生变化时，I_1 几乎不变，故基极电压为

$$U_{BQ} \approx \frac{R_{B2}}{R_{B1}+R_{B2}} V_{CC}$$

由此可见，U_{BQ} 只取决于 V_{CC}、R_{B1} 和 R_{B2}，它们都不随温度的变化而变化，所以 U_{BQ} 将稳定不变。

这种分压式偏置放大电路，为什么能使静态工作点基本上维持恒定呢？从物理过程来看，如果温度升高，导致 Q 点上移，I_{CQ}（或 I_{EQ}）将增加，而 U_{BQ} 是由电阻 R_{B1}、R_{B2} 分压固定的，I_{EQ} 增加将使外加于三极管的 $U_{BEQ} = U_{BQ} - I_{EQ} R_E$ 减小，从而使 I_{BQ} 自动减小，结果限制了 I_{CQ} 的增加，使 I_{CQ} 基本恒定。以上变化过程可表示为

$$T \uparrow (\text{温度升高}) \rightarrow I_{CQ} \uparrow \rightarrow I_{EQ} \uparrow \rightarrow U_{BEQ} \downarrow \rightarrow I_{BQ} \downarrow \longrightarrow$$
$$I_{CQ} \downarrow \longleftarrow$$

这种分压式偏置放大电路能稳定工作点的实质是利用发射极电阻 R_E，将电流 I_{EQ} 的变化转换为电压的变化，加到输入回路，通过三极管基极电流的控制作用，使静态电流 I_{CQ} 稳定不变。

（3）估算法分析分压式偏置放大电路

1）估算静态工作点。图 2-2-12b 所示为分压式偏置电路的直流通路，通过直流通路可求出电路的静态工作点。

静态基极电位（I_2 远大于 I_{BQ}）　　　$U_{BQ} = \dfrac{R_{B2}}{R_{B1}+R_{B2}} V_{CC}$

静态发射极电流　　　　　　　　　　$I_{EQ} \approx \dfrac{U_{BQ} - U_{BEQ}}{R_E}$

静态集电极电流　　　　　　　　　　$I_{CQ} \approx I_{EQ}$

静态偏置电流（根据三极管电流放大原理）　　　$I_{BQ} = \dfrac{I_{CQ}}{\beta}$

静态集电极电压（根据回路电压定律）　　　$U_{CEQ} = V_{CC} - I_{CQ}(R_C + R_E)$

2）估算输入电阻、输出电阻和电压放大倍数。图 2-2-12c 所示为分压式偏置放大电路的交流通路,交流通路与共发射极基本放大电路的交流通路相似,等效电路也相似,其中, $R_B = R_{B1} // R_{B2}$。所以输入电阻、输出电阻和电压放大倍数的估算公式与共发射极基本放大电路完全相同。

例:在图 2-2-12a 中,若 $R_{B1} = 7.6\ \text{k}\Omega$, $R_{B2} = 2.4\ \text{k}\Omega$, $R_C = 2\ \text{k}\Omega$, $R_L = 4\ \text{k}\Omega$, $R_E = 1\ \text{k}\Omega$, $V_{CC} = 12\ \text{V}$,三极管的 $\beta = 60$。试求放大电路的静态工作点;放大电路的输入电阻 R_i、输出电阻 R_o 及电压放大倍数 A_u。

解:估算静态工作点。

基极电压

$$U_{BQ} = \frac{R_{B2}}{R_{B1}+R_{B2}}V_{CC} = \frac{2.4\times12}{7.6+2.4}\ \text{V} = 2.88\ \text{V}$$

静态集电极电流

$$I_{CQ} \approx I_{EQ} = \frac{U_{BQ}-U_{BE}}{R_E} = \frac{2.88-0.7}{1}\ \text{mA} \approx 2\ \text{mA}$$

静态偏置电流

$$I_{BQ} = \frac{I_{CQ}}{\beta} = \frac{2}{60}\ \text{mA} \approx 33\ \mu\text{A}$$

静态集电极电压　　　$U_{CEQ} = V_{CC} - I_{CQ}(R_C+R_E) = 12\ \text{V} - 2\times(1+2)\ \text{V} = 6\ \text{V}$

估算输入电阻 R_i、输出电阻 R_o 及电压放大倍数 A_u。

由于

$$r_{be} = 300 + (1+\beta)\frac{26}{I_{EQ}} = 1\ 093\ \Omega \approx 1\ \text{k}\Omega$$

放大电路的输入电阻　　　　$R_i \approx r_{be} = 1\ \text{k}\Omega$

放大电路的输出电阻　　　　$R_o \approx R_C = 2\ \text{k}\Omega$

放大电路的电压放大倍数

$$A_u = -\frac{\beta R_L'}{r_{be}}$$

其中

$$R_L' = \frac{R_C R_L}{R_C+R_L} = \frac{2\times4}{2+4}\ \text{k}\Omega = 1.33\ \text{k}\Omega$$

因此

$$A_u = -\frac{\beta R_L'}{r_{be}} = -\frac{60\times1.33}{1} \approx -80$$

分压式偏置放大电路的静态工作点稳定性好,对交流信号基本无削弱作用。如果放大电路满足 I_2 远大于 I_{BQ} 和 U_{BQ} 远大于 U_{BEQ} 两个条件,那么静态工作点将主要由电源和电路参数决定,与三极管的参数几乎无关。在更换三极管时,不必重新调整静态工作点,这给维修工作带来了很大方便,所以分压式偏置放大电路在电子设备中得到非常广泛的应用。

任务实施

1. 电路原理图及装配图

分压式偏置放大电路原理图及装配图如图 2-2-13 所示。

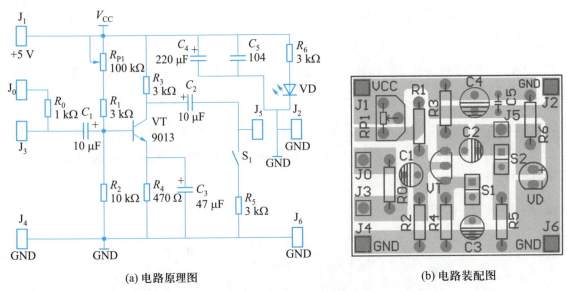

(a) 电路原理图   (b) 电路装配图

图 2-2-13   分压式偏置放大电路原理图及装配图

2. 元器件及材料清单

元器件及材料清单见表 2-2-1。

表 2-2-1   元器件及材料清单

序号	名称	型号规格	数量	元器件符号
1	电解电容	10 μF/10 V	2	C_1、C_2
2	电解电容	47 μF/10 V	1	C_3
3	电解电容	220 μF/10 V	1	C_4
4	瓷片电容	104	1	C_5
5	单排针	13 P 单排针	1	$J_0 \sim J_6$,$S_1 \sim S_2$
6	1/4 W 电阻	1 kΩ	1	R_0
7	1/4 W 电阻	3 kΩ	4	R_1、R_3、R_5、R_6
8	1/4 W 电阻	10 kΩ	1	R_2
9	1/4 W 电阻	470 Ω	1	R_4
10	小立式可调电阻	小立式 100 kΩ	1	R_{P1}
11	2P 短路帽	2P 短路帽	1	S_1
12	三极管	9013	1	VT
13	发光二极管	φ 4 mm	1	VD
14	印制电路板	配套	1	

3. 元器件检测

用万用表对电阻进行测量,将测得阻值填入表 2-2-2 中。用万用表检测电容、二极管、三极管,并将测量结果填入表 2-2-2 中。

表 2-2-2　元器件检测

序号	名称	识别及检测内容	
1	电阻器 R_2	标称值:_____,测量值:_____	
2	电容器 C_1	标称值:_____, 介质:_____	
3	发光二极管 VD	导通电压:_____,万用表型号:_____,挡位:_____	
4	电容器 C_5	两端电阻:_____,万用表型号:_____,挡位:_____	
5	三极管 VT	1）用万用表测试判别管脚名称,标在右侧图中 2）测量发射结正向电阻值 3）发射结正向电阻:_____, 材料为_____（硅、锗）,万用表型号:_____,挡位:_____ 4）用万用表估测量三极管共射极直流电流放大系数 $\beta =$ _____,万用表型号:_____,挡位:_____	9013H

4. 焊接装配

根据电路原理图和装配图进行焊接装配。要求不漏装、错装,不损坏元器件,无虚焊,漏焊和搭锡,元器件排列整齐并符合工艺要求。

5. 通电试验与测试

装接完毕,检查无误后,将直流稳压源调整为+5 V(±0.1 V)。接入电路后,调节 R_{P1} 使三极管 VT 集电极电位为+2.5 V(±0.1 V),再测量如下值(S_1、S_2 闭合,即都插上短路帽)。

（1）静态参数测试

1）三极管 VT 的集电极电位是_____V,基极电位是_____V,发射极电位是_____V。

2）由以上数据计算流经三极管 VT 的集电极电流是_____mA(通过计算求取)。

3）由以上数据计算流经三极管 VT 的基极电流是_____μA(通过计算求取)。

4）C_3 的主要作用是_____,在静态时电阻 R_4 的作用是_____。

（2）动态的电路测试

1）空载时电压放大倍数 A_{v0}（断开 S_1）:在 J_3 处输入 f=1 kHz,幅度适当的正弦信号,使波形幅度较大且无明显失真,用示波器或毫伏表测量输入电压和输出电压,并记录在表 2-2-3 中。

表 2-2-3　动态的电路测试

测量方式	输入信号	输出信号	放大倍数 A_{v0}
用示波器测量	$U_{iPP} =$ _____ mV	$U_{oPP} =$ _____ V	
用毫伏表测量	$U_i =$ _____ mV	$U_o =$ _____ V	

用估算法分析计算此状态下的 $A_{v0} =$ _____,并与上述测量值比较。

2）有载时电压放大倍数 A_v（闭合 S_1）：在 J_3 处输入 $f=1$ kHz、幅度适当的正弦信号，使波形幅度较大且无明显失真，用示波器或毫伏表测量输入电压与输出电压，并记录在表 2-2-4 中。

表 2-2-4　有载时电压放大倍数

测量方式	输入信号	输出信号	放大倍数 A_{VL}
用示波器测量	$U_{iPP} =$ _____ mV	$U_{oPP} =$ _____ V	
用毫伏表测量	$U_i =$ _____ mV	$U_o =$ _____ V	

用估算法分析计算此状态下的 $A_{VL} =$ _____，并与上述测量值比较。

3）测量放大器有载时的最大不失真输出电压（闭合 S_1）：在 J_3 端输入 $f=1$ kHz、幅度适当的正弦信号，逐步增大输入信号的幅度，并同时调节 R_{P1}，用示波器观察 J_5 端输出信号，当输出波形同时出现削底和缩顶现象时，调整输入信号，使波形输出幅度最大，且无明显失真，用交流毫伏表测出 $U_{OL} =$ _____ V（有效值），用示波器直接读出 $U_{oPP} =$ _____ V。此时撤去输入信号，用万用表测量 $U_{CEQ} =$ _____ V。

知识拓展

一、共集电极放大电路

1. 电路组成

共集电极放大电路的原理电路如图 2-2-14a 所示，图 2-2-14b、c 所示分别为其直流通路和交流通路。由图可知，输入信号是从三极管的基极与集电极之间输入，从发射极与集电极之间输出。集电极为输入与输出电路的公共端，故称共集电极放大电路。由于信号从发射极输出，所以又称射极输出器。

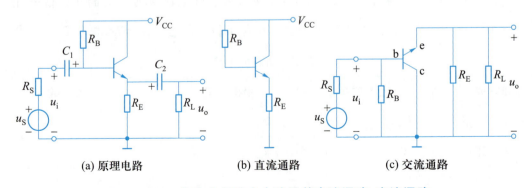

(a) 原理电路　　　　(b) 直流通路　　　　(c) 交流通路

图 2-2-14　共集电极放大电路及其直流通路、交流通路

2. 静态工作点的估算

分析该电路的直流通路可知

$$V_{CC} = I_{BQ}R_B + U_{BEQ} + (1+\beta)I_{BQ}R_E$$

由此可得

$$I_{BQ} = \frac{V_{CC} - U_{BEQ}}{R_B + (1+\beta)R_E}$$

$$I_{CQ} = \beta I_{BQ}$$

$$U_{CEQ} = V_{CC} - I_{EQ}R_E \approx V_{CC} - I_{CQ}R_E$$

3. 电压放大倍数的估算

由交流通路可知,输出电压 u_o 和输入电压 u_i 及三极管发射结电压 u_{be} 三者之间有如下关系

$$u_o = u_i - u_{be}$$

通常 u_{be} 远小于 u_i,可认为 $u_0 \approx u_i$,所以共集电极放大电路的电压放大倍数总是小于 1 而且接近于 1。这表明共集电极放大电路没有电压放大作用,但发射极电流是基极电流的 $(1+\beta)$ 倍,故它有电流放大作用,同时也有功率放大作用。

4. 输入电阻和输出电阻的估算

1)输入电阻 r_i。在图 2-2-14c 中,若先不考虑 R_B 的作用,则输入电阻为

$$R'_i = \frac{u_i}{i_b} = \frac{i_b r_{be} + (1+\beta)i_b R'_L}{i_b}$$

$$= r_{be} + (1+\beta)R'_L$$

式中,$R'_L = R_E /\!/ R_L$。

考虑 R_B 的作用,输入电阻应为

$$R_i = R_B /\!/ R'_i = R_B /\!/ [r_{be} + (1+\beta)R'_L]$$

显然,共集电极放大电路的输入电阻比共发射极放大电路的输入电阻大得多。

2)输出电阻。根据输出电阻的定义,由交流通路可得

$$R_o = R_E /\!/ \frac{r_{be} + R'_S}{1+\beta}$$

式中,$R'_S = R_S /\!/ R_B$,R_S 为信号源内阻,考虑到 R_B 远大于 R_S,所以 $R'_S \approx R_S$,若 r_{be} 远大于 R_S,则上式可简化为

$$R_o \approx R_E /\!/ \frac{r_{be}}{1+\beta}$$

若 $R_E \geq \dfrac{r_{be}}{1+\beta}$,则 $R_o \approx \dfrac{r_{be}}{1+\beta}$

显然,共集电极放大电路的输出电阻比共发射极放大电路的输出电阻小得多。

5. 共集电极放大电路的主要特点及应用

综合以上分析可知,共集电极放大电路有以下特点。

1)电压放大倍数小于1,且接近于1。

2)输出电压与输入电压相位相同。

3)输入电阻大。

4)输出电阻小。

由于共集电极放大电路的输出电压 u_o 和输入电压 u_i 相位相同且近似相等,可近似看作 u_o 随 u_i 的变化而变化,所以共集电极放大电路又称为射极跟随器。

共集电极放大电路具有电压跟随作用和输入电阻大、输出电阻小的特点,且有一定的电流和功率放大作用,因而无论是在分立元件多级放大器中还是在集成电路中,它都有十分广泛的应用。

共集电极放大电路的主要应用如下。

1)用作输入级,因其输入电阻大,可以减轻信号源的负担。

2)用作输出级,因其输出电阻小,可以提高放大器带负载的能力。

3)用在两级共发射极放大电路之间作为隔离级(或称缓冲级),因其输入电阻大,对前级影响小;因其输出电阻小,对后级的影响也小,所以可有效地提高放大器总的电压放大倍数。

二、多级放大器

在实际应用中,要把一个微弱的信号放大几千倍或几万倍甚至更大,仅靠单级放大器是不够的,通常需要把若干级放大器连接起来,将信号逐级放大。多级放大器由若干个单级放大器组成,如图 2-2-15 所示。多级放大器由输入级、中间级及输出级三部分组成。

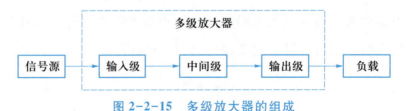

图 2-2-15   多级放大器的组成

1. 多级放大器的耦合方式

各级放大器之间的连接方式称为"耦合"。要求前级的输出信号通过耦合不失真地传输到后级的输入端。放大器级与级之间的耦合方式主要有阻容耦合、变压器耦合、直接耦合和光电耦合四种方式。实际使用中,人们将按照不同电路的需要,选择合适的级间耦合方式。

表 2-2-5 所列为多级放大器四种级间耦合方式的对比。

表 2-2-5　多级放大器四种级间耦合方式的对比

耦合方式	应用电路	特点	应用
阻容耦合		1）用容量足够大的耦合电容连接，传递交流信号 2）前、后级放大器之间的直流电路被隔离，静态工作点彼此独立，互不影响	结构简单、紧凑，成本低，但效率低。低频特性较差，不能用于直流放大器中。由于在集成电路内制造大容量电容很困难，所以集成电路中不采用这种耦合方式
变压器耦合		1）通过变压器进行连接，将前级输出的交流信号通过变压器耦合到后级 2）能够隔离前、后级的直流联系。所以各级电路的静态工作点彼此独立，互不影响 3）电路中的耦合变压器还有阻抗变换作用，这有利于提高放大器的输出功率	由于变压器体积大，低频特性差，又无法集成，因此一般只应用于高频调谐放大器或功率放大器中
直接耦合		1）无耦合元器件，信号通过导线直接传递，可放大缓慢的直流信号 2）前、后级的静态工作点互相影响	直流放大器必须采用这种耦合方式，而且便于电路的集成化，因此广泛应用于集成电路中
光电耦合		1）以光电耦合器为媒介来实现电信号的耦合和传输 2）既可传输交流信号又可传输直流信号，而且抗干扰能力强，易于集成化	广泛应用在集成电路中

2. 阻容耦合多级放大器的电压放大倍数和输入、输出电阻

图 2-2-16 所示为两级阻容耦合放大器的交流通路。由图可知,前级放大器对后级来说是信号源,它的输出电阻就是信号源的内阻。而后级放大器对前级来说是负载,它的输入电阻就是信号源(前级放大器)的负载电阻。更多级的放大器可依此类推。

下面以三级电压放大器为例,用图 2-2-17 所示的框图来分析总的电压放大倍数与各级电压放大倍数的关系。

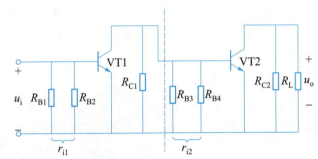

图 2-2-16　两级阻容耦合放大器的交流通路

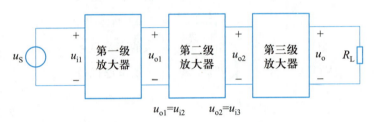

$u_{o1}=u_{i2}$　　$u_{o2}=u_{i3}$

图 2-2-17　三级电压放大器框图

第一级电压放大倍数 $A_{u1}=\dfrac{u_{o1}}{u_{i1}}$

第二级电压放大倍数 $A_{u2}=\dfrac{u_{o2}}{u_{i2}}$

第三级电压放大倍数 $A_{u3}=\dfrac{u_{o3}}{u_{i3}}$

由于前级放大器的输出电压就是后级放大器的输入电压,即 $u_{o1}=u_{i2}$、$u_{o2}=u_{i3}$,因而三级放大器的总电压放大倍数为

$$A_u=\frac{u_o}{u_i}=\left(\frac{u_{i2}}{u_{i1}}\right)\left(\frac{u_{i3}}{u_{i2}}\right)\left(\frac{u_o}{u_{i3}}\right)$$

$$=A_{u1}A_{u2}A_{u3}$$

同理,由 n 个单级放大器构成多级放大器,它的总电压放大倍数应为

$$A_u=A_{u1}A_{u2}A_{u3}\cdots A_{un}$$

即多级放大器总的电压放大倍数等于各级"有载电压放大倍数"的乘积。"有载电压放大倍数"是指接上后级时的电压放大倍数,即在计算每级电压放大倍数时,一定要把后级的

输入电阻作为前级的负载电阻。

显然,多级放大器的输入电阻就是第一级的输入电阻,输出电阻就是最后一级的输出电阻,即

$$R_{\text{i}} = R_{\text{i1}}$$

$$R_{\text{o}} = R_{\text{on}}$$

3. 幅频特性

(1) 幅频特性基本概念

电路电压放大倍数的幅度与频率的关系称为放大电路的幅频特性,可用幅频特性曲线表示。阻容耦合放大电路的幅频特性曲线如图 2-2-18 所示。

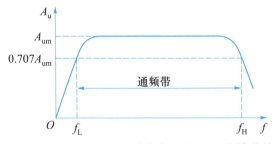

图 2-2-18　阻容耦合放大电路的幅频特性曲线

工程上将放大倍数下降到 A_{um} 的 $1/\sqrt{2}$ 倍时,所对应的低端频率 f_{L} 称为下限频率,高端频率 f_{H} 称为上限频率。f_{L} 与 f_{H} 之间的频率范围称为通频带,用 BW 表示,则

$$BW = f_{\text{H}} - f_{\text{L}}$$

(2) 影响通频带的因素

引起低频段放大倍数下降的主要因素是级间耦合电容和旁路电容的容抗作用。

引起高频段放大倍数下降的主要因素是三极管结电容和电路分布电容的影响。

课题二

音频功率放大电路的制作与调试

课题描述

在本课题中,我们要了解常见低频功率放大电路类型,识别典型集成功放芯片,根据原理图装接、调试功率放大电路,用万用表、示波器、信号发生器等测量仪器对功率放大电路相关参数进行测试,并结合测试结果分析电路工作原理。

知识目标

1. 理解低频功率放大电路的基本参数和分类。
2. 会识读 OTL、OCL 功率放大电路的电路原理图。
3. 熟悉典型集成功率放大器的引脚功能及实际应用。
4. 了解功率放大器件的安全使用常识。

技能目标

1. 能正确识读集成功率放大电路的引脚。
2. 能按工艺要求装接与调试功率放大器。

任务三　OTL 功率放大电路的制作与调试 >>>

知识准备

功率放大电路是以输出较大功率为目的的放大电路。三极管放大电路本质上都是功率放大电路。很多电子设备都要求输出端能带动某种负载,如驱动仪表指针偏转,驱动扬声器发声,这样的放大电路统称为功率放大电路,简称功放。

1. 功率放大电路的基本要求

1)尽可能大的输出功率。为了获得大的功率输出,要求功放管的电压和电流都要有足够大的输出幅度,因此管子往往在接近极限状态下工作。

2)尽可能高的效率。所谓效率就是负载得到的有用信号功率和电源供给的直流功率的比值。它代表了电路将电源直流能量转换为输出交流能量的能力。

在功率放大电路中,直流电源提供的能量在转换成交流电能传送给负载的过程中,一部分能量会损耗在电路元器件和功放管的集电极上。通常功率放大电路输出功率越大,电源消耗的直流功率也就越多。因此,必须考虑在输出功率一定的情况下,尽可能减小直流电源的消耗,即提高电路的效率。

3)较小的非线性失真。处在大信号工作状态的功率放大电路,由于电压、电流幅度大,一旦进入截止和饱和区,不可避免地会产生非线性失真,因此,必须将功率放大电路的非线性失真限制在允许范围内。

4)较好的散热装置。在功率放大电路中,有相当大的功率消耗在管子的集电结上,使结温和管壳温度升高。为了使管子输出足够大的功率,放大器件的散热就成为一个重要问题。

在实际应用中通常采用散热装置以降低功放管的温度,从而提高管子允许承受的最大管耗,使功放电路输出较大功率而不损坏管子。

■ 工程应用

功放管的散热

功放管损坏的重要原因是其实际功率超过额定功耗 P_{CM}。三极管的耗散功率取决于内部 PN 结(主要是集电结)的温度,当温度超过规定的最高允许结温时,集电极电流将急剧增大而使管子损坏,这种现象称为热致击穿或热崩。硅管的允许结温值为 120~180℃,锗管的允许结温为 85℃左右。

散热条件越好,对于相同结温下所允许的管耗就越大,这样功放电路有较大功率输出而不损坏管子。如大功率管 3AD50,规定最高允许结温为 90℃,不加散热器时,极限功耗 P_{CM} 为 1 W,如果采用规定尺寸为 120 mm×120 mm×4 mm 的散热板进行散热,极限功耗可提高到 10 W。为了在相同散热面积下减小散热器所占空间,可采用如图 2-3-1 所示的几种常用散热器,分别为齿轮形、指形和翼形。所加散热器面积大小的要求,可参考大功率管产品手册上的规定尺寸。除上述散热器外,还可用铝板自制平板散热器。

当功率放大电路在工作时,如果功放管的散热器(或无散热器时的管壳)上的温度较高,易引起功率管的损坏,这时应立即分析检查。如果原属于正常使用功放电路,功率管突然发热,应检查和排除电路中的故障。如果属于新设计功放电路,在调

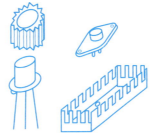

图 2-3-1　常用散热器

试时功率管有发烫现象,这时除了需要调整电路参数或排除故障外,还应检查设计是否合理、管子选型和散热条件是否存在问题。

2. 功率放大电路的分类

功率放大电路种类很多,根据功放管静态工作点的不同,常用功率放大电路可分为甲类、乙类和甲乙类三种。

(1)甲类

功放管静态工作点选择在放大区内的称为甲类功率放大电路,在工作过程中,功放管始终处于导通状态,输出波形无失真。由于设置的静态电流大,放大电路的效率较低,最高只能达到50%。

(2)乙类

功放管静态工作点设置在截止区边缘的称为乙类功率放大电路,在工作过程中,功放管仅在输入信号的正半周导通,负半周截止,只有半波输出。由于几乎无静态电流,电路的功率损耗减到最少,使效率大大提高,最高可达78.5%。

(3)甲乙类

功放管的静态工作点介于甲类和乙类之间的称为甲乙类功率放大电路,它的波形失真情况和效率介于上述两类之间,是实用功率放大电路经常采用的方式。

三种功率放大电路比较见表2-3-1。

表2-3-1   三种功率放大电路比较

分类	甲类	乙类	甲乙类
Q 点	在负载线中点附近	在截止区	接近于截止区
特点	静态电流大、效率低,$\eta \leqslant$ 50%,信号无失真	效率高,信号失真大	效率高,静态时管子微导通,信号失真小
导电角	$\theta = 2\pi$	$\theta = \pi$	$\pi < \theta < 2\pi$
集电极电流波形			

可见,乙类和甲乙类功率放大电路虽然减小了静态功耗,提高了效率,但都出现了严重的波形失真。因此,在实际使用中,为了既保持静态时管耗小,又使失真不太严重,采用两个功放管组合起来交替工作(互补推挽电路)的方式,这样就可输出完整的信号。

3. 单电源互补对称功率放大电路(OTL)

(1)无偏置的OTL电路

单电源互补功率放大电路如图2-3-2所示。当电路对称时,输出端的静态电位等于 $V_{\mathrm{CC}}/2$。为了使负载上仅获得交流信号,用一个电容器串联在负载与输出端之间。这种功率放大电路称为无输出变压器互补功率放大电路,简称OTL电路。

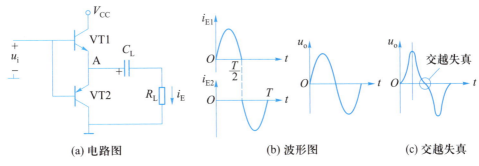

图 2-3-2　单电源互补功率放大电路

在图 2-3-2a 中,当输入信号处于正半周,且幅度远大于三极管的开启电压时,三极管 VT1 导通,有电流通过负载 R_L,按图中方向由上到下,与假设正方向相同。当输入信号处于负半周,且幅度远大于三极管的开启电压时,三极管 VT2 导通,有电流通过负载 R_L,按图中方向由下到上,与假设正方向相反。于是两个三极管一个正半周、另一个负半周轮流导通,在负载上将正半周和负半周合成在一起,得到一个完整的不失真波形,如图 2-3-2b 所示。严格地说,当输入信号很小时,达不到三极管的开启电压,三极管不导通。因此在正、负半周交替过零处会出现一些非线性失真,这个失真称为交越失真,如图 2-3-2c 所示。

（2）加偏置的 OTL 电路

为解决交越失真,可给三极管加一点偏置电压,使之工作在甲乙类状态。此时的单电源互补功率放大电路如图 2-3-3 所示,其中 VT1 为推动级（也称前置放大级）,VT2、VT3 是一对参数对称的 NPN 和 PNP 型三极管,它们组成互补推挽 OTL 电路。在 VT2、VT3 基极之间串接两个二极管 VD1、VD2,给输出管的发射结提供所需的正向偏压,使 VT2、VT3 处于微导通的状态。该电路正常工作时,可使 A 点直流电位为 $V_{CC}/2$。

该电路的工作原理是:当输入正弦交流信号 u_i 时,经 VT1 放大、倒相后作用于 VT2、VT3 的基极。u_i 负半周时,VT2 管导通,VT3 管截止,有电流通过负载 R_L,同时向电容 C_L 充电;在 u_i 的正半周,VT3 管导通,VT2 管截止,则已充好电的电容器 C_L 起着电源的作用,通过负载 R_L 放电,这样在 R_L 上就得到完整的正弦波。

4. 双电源互补对称电路（OCL）

双电源互补对称电路又称为无输出电容的功放电路,简称 OCL 电路,其原理图如图 2-3-4a 所示,为双电源互补对称功放电路。它由一对 NPN、PNP 特性相同的互补三极管 VT1、VT2 组成,两管的基极和发射极相互连接在一起,信号从基极输入,从发射极输出,R_L 为负载。两管均接成发射极输出电路以增强带负载能力。

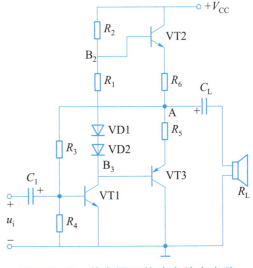

图 2-3-3　单电源互补功率放大电路

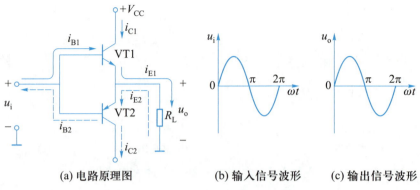

(a) 电路原理图　　　　(b) 输入信号波形　　　(c) 输出信号波形

图 2-3-4　OCL 电路基本原理

任务实施

1. 电路原理图与装配图

OTL 电路原理图及装配图分别如图 2-3-5、图 2-3-6 所示。

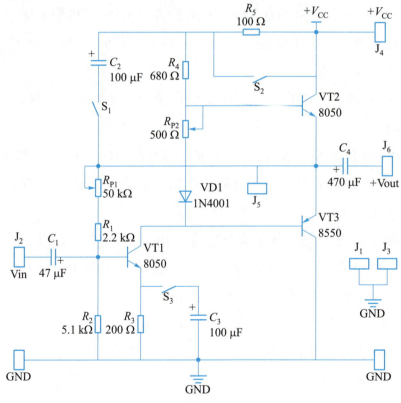

图 2-3-5　OTL 电路原理图

2. 元器件的清点与检测

根据元器件及材料清单见表 2-3-2,用万用表对功放管进行测量,将检测结果填入表 2-3-3 中。

3. 焊接装配

根据电路原理图和装配图进行焊接装配。要求不漏装、错装,不损坏元器件,无虚焊、漏焊和搭锡,元器件排列整齐并符合工艺要求。

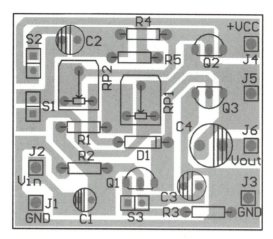

图 2-3-6　OTL 电路装配图

表 2-3-2　元器件及材料清单

序号	名称	型号规格	数量	元器件符号
1	碳膜电阻器	2.2 kΩ	1	R_1
2	碳膜电阻器	5.1 kΩ	1	R_2
3	碳膜电阻器	200 Ω	1	R_3
4	碳膜电阻器	680 Ω	1	R_4
5	碳膜电阻器	100 Ω	2	R_5、R_L
6	可调电阻	50 kΩ	1	R_{P1}
7	可调电阻	500 Ω	1	R_{P2}
8	三极管	8050	2	VT1,VT2
9	三极管	8550	1	VT3
10	二极管	1N4001	1	VD1
11	电解电容	47 μF/25 V	1	C_1
12	电解电容	100 μF/10 V	2	C_2、C_3
13	电解电容	470 μF/10 V	1	C_4
14	单排针	2.54 mm-直	12	J_1~J_6、S_1~S_3
15	短路帽	2.54 mm	3	S_1~S_3
16	散热片		2	
17	印制电路板	配套	1	

表 2-3-3　功放管检测

万用表测 VT2、VT3 的挡位		
VT2 正面放置引脚顺序	VT2 的 be 间正偏电阻	VT2 的管型
VT3 正面放置引脚顺序	VT3 的 be 间正偏电阻	VT3 的管型

4. 通电试验

焊接装配完毕,检查无误后,直流稳压电源调整为(+5±0.1) V。经教师检查同意后,方可对电路进行通电试验,如有故障进行排除。

5. 静态数据测试

1) 接通+5 V 直流电源,断开 S_1、S_2、S_3,在无输入信号的条件下调节 R_{P1},用万用表观察 J_5 点的直流电位,按照 OTL 电路的要求,将 J_5 点的电位调整为_____V。

2) 在输入端输入 1 kHz 正弦波信号,接通 S_1(S_2、S_3 断开),调节输入信号的幅度,用示波器观察输出波形,在没有削波的情况下,仔细调节 R_{P2},使交越失真消失。调节成功后撤去输入信号,完成表 2-3-4 中的静态参数测量。

表 2-3-4　静态参数测量

静态工作点	U_{BQ}	U_{EQ}	U_{CQ}
Q_1			
Q_2			
Q_3			

6. 动态测量

在空载时输入 1 kHz 正弦波信号,分别进行如下操作:

1) 接通 S_1、S_3(S_2 断开),调节输入信号的幅度,当输出信号达到最大不失真时测量输入、输出电压,此时 U_o 为_____mV,此电路的放大倍数 A_u 为_____。

2) 断开 S_1、S_2,闭合 S_3,重新测量输出电压,此时 U_o 为_____mV,放大倍数 A_u 为_____,C_2 的作用是_____。

3) 断开 S_2、S_3,闭合 S_1,重新测量输出电压,此时 U_o 为_____mV,放大倍数 A_u 为_____,C_3 的作用是_____。

4) S_1、S_2、S_3 均闭合,再测 U_o,为_____mV,此时电路的放大倍数 A_u 为_____,R_5 的作用是_____。

任务四　集成音频功率放大电路的制作与调试 >>>　　■

▌知识准备

目前,功率放大电路绝大部分采用集成功率放大电路。集成功率放大电路可用一块集成电路完成功率放大全部功能。它具有体积小、功耗低、应用方便、可靠性高、性能稳定等优点。它除了具有功率放大功能外,还具有过压保护、过流保护、短路保护等保护环节。

1. LM 386 组成的 OTL 电路

(1) LM 386 外形、引脚排列及主要技术指标

LM 386 是一种低电压通用型音频集成功率放大电路,广泛应用于对讲机和信号发生器中。LM 386 的外形与引脚排列如图 2-4-1 所示,它采用 8 脚双列直插式塑料封装。

LM 386 有两个信号输入端,2 脚为反相输入端,3 脚为同相输入端。每个输入端的输入阻抗均为 50 kΩ,而且输入端对地的直流电位接近于零,即使输入端对地短路,输出端直流电平也不会产生大的偏离。LM 386 的主要参数见表 2-4-1。

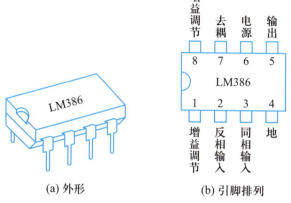

图 2-4-1　LM 386 的外形与引脚排列

表 2-4-1　LM 386 主要参数

参数名称	符号单位	参考值	测试条件
电源电压	V_{CC}/V	4～12	
输入阻抗	R_i/kΩ	50	
静态电流	I_{CC}/mA	4～8	$V_{CC} = 6\ V,V_i = 0$
输出功率	P_o/mW	325	$V_{CC} = 6\ V,R_L = 8\ \Omega$
带宽	BW/kHz	300	$V_{CC} = 6\ V$,1 脚、8 脚断开
电压增益	A_{uf}/dB	20～200	1 脚、8 脚接不同电阻

(2) LM 386 应用电路

用 LM 386 组成的 OTL 功率放大电路如图 2-4-2 所示,信号从 3 脚同相输入端输入,从 5 脚经耦合电容(220 μF)输出。

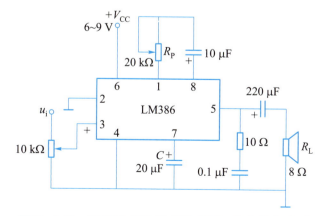

图 2-4-2　用 LM 386 组成的 OTL 功率放大电路

图中,7 脚接容量 20 μF 的电容为去耦滤波电容。1 脚与 8 脚所接电容、电阻是用于调节电路的闭环电压增益,电容取值为 10 μF,电阻 R_P 在 0~20 kΩ 范围内取值。改变电阻值,可使集成功放的电压放大倍数在 20~200 变化,R_P 值越小,电压增益越大。当需要高增益时,可取 $R_P = 0$。输出端 5 脚所接 10 Ω 电阻和 0.1 μF 电容组成阻抗校正网络,抵消负载中的感抗分量,防止电路自激。

2. 用 TDA2030 组成的 OCL 电路

TDA2030 集成功率放大电路是一种音频质量较好的元器件。与性能类似的其他产品相比,具有引脚数少、外接元件少的优点。它的电气性能稳定、可靠,适应长时间连续工作,且内部具有过载保护和热保护电路。TDA2030 适用于高保真立体扩音装置中作音频功率放大电路。

图 2-4-3 所示为 TDA2030 的外形与引脚排列。该电路的参数特点是:电源电压范围为 ±(6~18) V,输入信号为 0 时的电源电流小于 60 μA,频率响应为 10 Hz~14 kHz,在 $V_{CC} = ±14$ V,$R_L = 4$ Ω 时最大输出功率为 14 W。

图 2-4-4 所示是 TDA2030 组成的 OCL 功放电路。在图中接入 VD1、VD2 是为了防止电源电压接反而损坏组件采取的防护措施。电容 C_3、C_4、C_5 和 C_6 为电源电压滤波电容。信号从 TDA2030 输入端 1 输入,经放大后从输出端 4 输出,负载可接 4~16 Ω 的全频带扬声器。

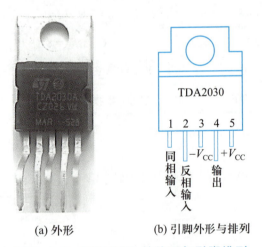

(a) 外形　　(b) 引脚外形与排列

图 2-4-3　TDA2030 的外形与引脚排列

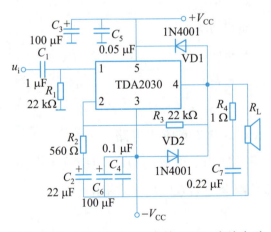

图 2-4-4　TDA2030 组成的 OCL 功放电路

TDA2030 的主要参数见表 2-4-2。

表 2-4-2　TDA2030 主要参数

参数	符号及单位	数值	测试条件
电源电压	V_{CC}/V	±(6~18) V	—
静态电流	I_{CC}/mA	$I_{CC} < 40$ mA	—
输出峰值电流	I_{OM}/A	$I_{OM} = 3.5$ A	—

续表

参数	符号及单位	数值	测试条件
输出功率	P_o/W	$P_o = 14$ W	$V_{cc} = 14$ V，$R_L = 4$ Ω，THD<0.5%，$f = 1$ kHz
输入阻抗	$R_i/kΩ$	140 kΩ	$A_u = 30$ dB，$R_L = 4$ Ω，$P_o = 14$ W
-3 dB 功率带宽	BW/Hz	40 Hz~15 kHz	$R_L = 4$ Ω，$P_o = 14$ W

任务实施

1. 原理图与装配图

集成音频功率放大电路原理图及装配图分别见图2-4-5、图2-4-6。

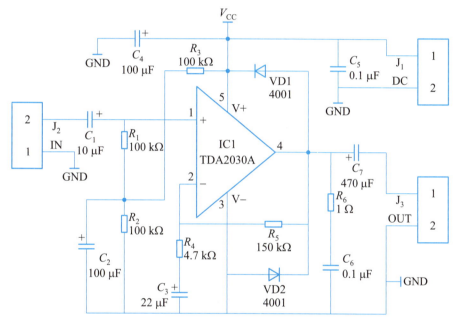

图 2-4-5 集成音频功率放大电路原理图

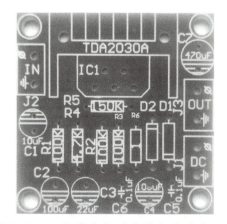

图 2-4-6 集成音频功率放大电路装配图

2. 元器件清单

元器件清单见表2-4-3。

表 2-4-3　元器件清单

序号	名称	型号规格	数量	元器件符号
1	电解电容	10 μF/25 V	2	C_1
2	电解电容	100 μF/25 V	1	C_2、C_4
3	电解电容	22 μF/10 V	1	C_3
4	瓷片电容	0.1 μF	1	C_5、C_6
5	1/4 W 电阻	100 kΩ	3	R_1、R_2、R_3
6	1/4 W 电阻	4.7 kΩ	1	R_4
7	1/4 W 电阻	150 kΩ	1	R_5
8	1/4 W 电阻	1 Ω	1	R_6
9	二极管	1N4001	2	VD1、VD2
10	集成功放	TDA2030A	1	IC1
11	散热片		1	
12	固定散热片螺钉		1	
13	印制电路板	配套	1	

3. 焊接装配

根据电原理图和装配图进行焊接装配,负载可接 4~16 Ω 的扬声器。要求不漏装、错装,不损坏元器件,无虚焊、漏焊和搭锡,元器件排列整齐且符合工艺要求。

4. 通电试验

焊接装配完毕,检查无误后,通电试验。供电可以采用为 9~18 V 直流电源,并注意正负极区别接线,散热片安装时先用螺钉固定 IC 再焊接到电路板上。输入、输出及电源的接线一般用导线直接焊接。

5. 调试与测量

1）输入端接入 1 kHz、20 mV 的正弦波电压信号。

2）功率放大器参数测量,用万用表测量 TDA2030 各引脚电压,并将测量结果填入表 2-4-4 中。

3）输出功率测量。接入扬声器,用毫伏表测量负载输出电压,并计算电路的输出功率,填入表 2-4-4 中。

4）用示波器观察输出端波形,并将结果填入表 2-4-4 中。

表 2-4-4　集成音频功率放大电路测量数据记录表

测试项目	测量结果				
	1	2	3	4	5
TDA2030A 各引脚电压/V					
输出波形					
输出电压有效值/V					
计算输出功率/W					

思考与练习

一、判断题

1. 三极管穿透电流 I_{CEO} 的大小不会随温度的变化而变化。（　　）

2. 三极管具有能量放大作用。（　　）

3. 只要三极管的发射结正偏，集电结反偏，就工作在放大状态。（　　）

4. 基本共发射极放大电路既有单电源供电方式，也有双电源供电方式。（　　）

5. 当放大电路的输入信号 $u_i = 0$ 时，称为静态。（　　）

6. 固定偏置放大电路的缺点是静态工作点不稳定。（　　）

7. 电压放大倍数的大小是指放大电路输出电压有效值与输入电压有效值的比值。（　　）

8. 在共发射极放大电路中，输入交流信号 u_i 与输出信号 u_o 相位相反。（　　）

9. 射极输出器的输入电阻小，输出电阻大。（　　）

10. 某三级放大电路，各级电压放大倍数为 10、20、10，当输入信号时，则输出电压放大倍数为 40。（　　）

11. 功率放大器的实质是将直流电源的直流能量转换成交流信号的交流能量。（　　）

12. 功率放大电路的最大输出功率是指在基本不失真的情况下，负载上可能获得的最大交流功率。（　　）

13. 甲乙类推挽功放电路的输出正弦波中存在着交越失真。（　　）

二、选择题

1. 测得三极管 $I_B = 30\ \mu A$ 时，$I_C = 2.4\ mA$；$I_B = 40\ \mu A$ 时，$I_C = 3\ mA$。则该三极管的交流电流放大系数为_____。

A. 75　　　　　　　B. 80　　　　　　　C. 60　　　　　　　D. 100

2. 某三极管的三极电流参考方向都是流入管内,大小分别为:$I_1 = 4$ mA,$I_2 = -40$ μA,$I_3 = -3.96$ mA。则该管的类型及三个引脚按1、2、3的顺序分别为_____。

    A. NPN 型,b 、c 、e
        B. NPN 型,e 、b 、c

    C. PNP 型,c、e、b
        D. PNP 型,e、b、c

3. 下列三极管各个极的电位,处于放大状态的三极管是_____。

    A. $U_C = 0.3$ V $U_E = 0$ V $U_B = 0.7$ V

    B. $U_C = -4$ V $U_E = -7.4$ V $U_B = -6.7$ V

    C. $U_C = 6$ V $U_E = 0$ V $U_B = -3$ V

    D. $U_C = 2$ V $U_E = 2$ V $U_B = 2.7$ V

4. 某单管共发射极放大电路在处于放大状态时,三个电极 A、B、C 对地的电位分别是 $U_A = 2.3$ V,$U_B = 3$ V,$U_C = 0$ V,则此三极管一定是_____。

    A. PNP 硅管   B. NPN 硅管   C. PNP 锗管   D. NPN 锗管

5. 某三极管的极限参数为 $I_{CM} = 50$ mA,$U_{(BR)CEO} = 20$ V,$P_{CM} = 500$ mW,当 $I_C = 15$ mA,$U_{CE} = 25$ V 时,电路会_____。

    A. 正常工作
        B. 过热烧坏

    C. 过压击穿
        D. 电流太大,β 减小

6. 用指针式万用表检测某三极管,用红表笔搭接1脚,黑表笔分别搭接2、3脚时,指针偏转角均较大,这说明此三极管类型为_____。

    A. PNP 型,且 1 脚为基极
        B. PNP 型,且 2 脚为基极

    C. NPN 型,且 1 脚为基极
        D. NPN 型,且 2 脚为基极

7. 放大器输出信号中能量的提供者是_____。

    A. 输入信号源   B. 三极管   C. 直流电源   D. 负载电阻

8. 如题图 2-1 所示,分压偏置放大电路中,若减小 R_{b2},则集电极电流 I_C _____。

    A. 减小
        B. 增大

    C. 不变
        D. 以上说法都不正确

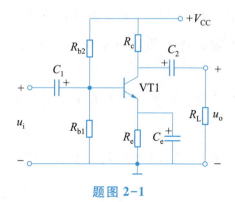

题图 2-1

9. 射极输出器的主要特点是_____。

A. 电压放大倍数略大于 1,输入电阻高,输出电阻低

B. 电压放大倍数略大于 1,输入电阻低,输出电阻高

C. 电压放大倍数略小于 1,输入电阻高,输出电阻低

D. 电压放大倍数略小于 1,输入电阻低,输出电阻高

10. 把射极输出器用作多级放大器的最后一级,是利用它的_____。

A. 电压放大倍数略小于 1,电压跟随特性好

B. 输入电阻高

C. 输出电阻低

D. 有一定的电流和功率放大能力

11. 如题图 2-2 所示,多级放大器采用的耦合方式为_____。

A. 直接耦合　　　　B. 电容耦合　　　　C. 变压器耦合　　　　D. 阻容耦合

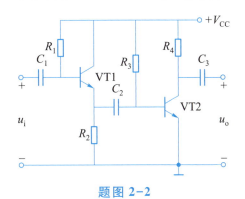

题图 2-2

12. 乙类推挽功放电路与甲类功放电路相比主要优点是_____。

A. 不用输出变压器　　B. 无交越失真　　　C. 效率高　　　　　D. 输出功率大

13. OTL 电路中,输出电容起到了双电源电路中的_____作用。

A. 消除高次谐波　　　B. 负电源　　　　　C. 正电源　　　　　D. 输入信号

三、填空题

1. 三极管按结构分为_____和_____两种类型,均具有两个 PN 结,即_____和

_____。

2. 三极管工作在饱和区时发射结_____偏,集电结_____偏。

3. 三极管的输出特性是指_____和_____的数量关系。

4. 三极管用于放大时,应使发射结处于_____偏置,集电结处于_____偏置。

5. 放大电路的功能是把_____的电信号转化为_____,实质上是一种能量转换器,它

将_____电能转换成_____电能,输出给负载。

6. 基本放大电路中的三极管作用是进行电流放大,三极管工作在_____区是放大电路

能放大信号的必要条件,为此,外电路必须使三极管发射结_____偏,集电结_____偏;且要有一个合适的_____。

7. 三级放大电路中,当输入电流一定时,静态工作点设置太低,将产生_____失真;静态工作点设置太高,将产生_____失真。

8. 基本放大电路三种组态是_____、_____、_____。

9. 放大电路的静态工作点通常是指_____、_____、_____。

10. 对放大电路的分析包括两部分:_____,_____。

11. 多级放大电路的耦合方式有_____、_____、_____三种

12. 功放电路种类很多,按功放管的静态工作点不同,可分为_____、_____和_____三种。

四、问答与计算题

1. 处在放大状态的某三极管各电极对地电位分别为 $U_A = -6$ V、$U_B = 4.3$ V、$U_C = 5$ V,试分析:A、B、C 三电极的名称是什么? 该三极管为何种材料,属哪种类型?

2. 分别改正题图 2-3 所示各电路中的错误,使它们有可能放大正弦波信号。要求保留电路原来的共射接法和耦合方式。

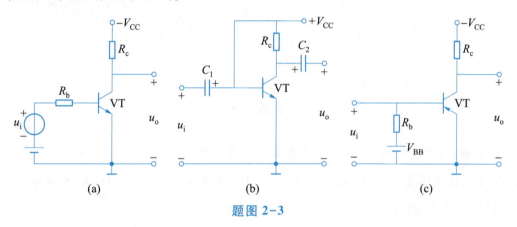

题图 2-3

3. 如题图 2-4 所示,三极管的 $\beta = 60$,$r_{bb'} = 100$ Ω,求:

1) 电路的静态工作点 Q。

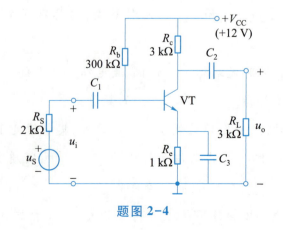

题图 2-4

2）$\dot{A}_u$、R_i 和 R_o。

3）设 $U_s = 10$ mV（有效值），则 U_i、U_o 各为多少？

4. 已知题图 2-5 所示电路中，三极管 $\beta = 100$，$r_{be} = 1.4$ kΩ。

1）现已测得静态管压降 $U_{CEQ} = 6$ V，估算 R_b。

2）若测得 $\dot{U}_i$ 和 $\dot{U}_o$ 的有效值分别为 1 mV 和 100 mV，则负载电阻 R_L 为多少？

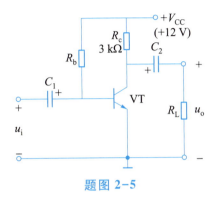

题图 2-5

5. 如题图 2-6 所示，三极管的 $\beta = 100$，$r_{bb'} = 100$ Ω。求电路的 Q 点、$\dot{A}_u$、R_i 和 R_o；若电容 C_e 开路，则将引起电路的哪些动态参数发生变化？如何变化？

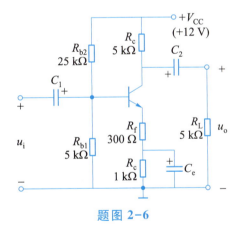

题图 2-6

6. 在题图 2-7 所示电路中，已知 $V_{CC} = 16$ V，$R_L = 4$ Ω，VT1 和 VT2 管的饱和压降 $U_{CES} = 2$ V，输入电压足够大，求：

1）最大输出功率 P_{om} 和效率 η 各为多少？

2）三极管的最大功耗 P_{Tmax} 为多少？

3）为了使输出功率达到 P_{om}，输入电压的有效值约为多少？

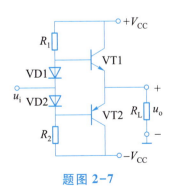

题图 2-7

振荡电路的制作与调试

学习目标

1. 了解集成运放的主要参数、理想特性，以及使用常识。

2. 熟悉集成运放的符号、引脚功能及内部结构。

3. 熟悉负反馈对放大电路性能的影响。

4. 能识读反相放大器、同相放大器电路图。

5. 熟悉反馈的概念，了解负反馈应用于放大器中的类型。

6. 了解正弦波振荡的组成框图及种类。

7. 了解振荡的工作原理和自激振荡的条件。

8. 熟悉常用振荡的主要特点。

9. 会识读 RC 桥式振荡电路原理图。

10. 会安装、调试与测试 RC 桥式音频信号发生器。

课 题 一

集成运放应用电路的制作与测试

课题描述

在本课题中,我们要了解集成运放的主要参数、理想特性,以及使用常识,熟悉集成运放的图形符号、引脚功能及内部结构。根据原理图完成电路的装接,用万用表、示波器对电路进行测试,并结合测试结果分析电路工作原理。

知识目标

1. 了解集成运放的主要参数、理想特性,以及使用常识。
2. 理解集成运放的图形符号、引脚功能及内部结构。
3. 熟悉逻辑测试器电路组成,了解电路的作用及工作原理。

技能目标

1. 会用万用表检测和判别集成运放。
2. 能根据内部结构说出集成运放各引脚功能。
3. 会用万用表和示波器测量电路的参数和波形。

任务一 集成运放的识别与检测 >>>

知识准备

集成电路是把晶体管、必要的元件,以及连接导线等集中制造在一小块半导体基片上而形成具有电路功能的器件。集成运算放大器是模拟集成电路中发展最早、应用最广泛的集成电路,因为最初主要用于模拟计算机中进行各种模拟信号的运算,故称为集成运算放大器,简称集成运放。现在集成运放得到了广泛的应用,已远远超出了模拟运算的范围。

1. 集成运放的外形和符号

(1) 集成运放的外形

图 3-1-1 所示为集成运放的外形,主要采用圆壳式、双列直插式、扁平式。

（a）圆壳式   （b）双列直插式   （c）扁平式

图 3-1-1   集成运放的外形

（2）集成运放的型号

根据国家标准规定,集成电路型号由字母和阿拉伯数字表示,由以下五个部分组成,各部分符号及意义见表 3-1-1。

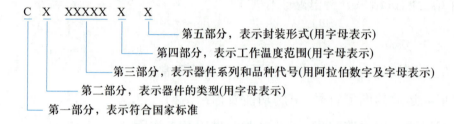

表 3-1-1   集成电路型号各部分符号及意义

第一部分		第二部分		第三部分	第四部分		第五部分	
符合国家标准		类型		系列	工作温度范围		封装	
符号	意义	符号	意义		符号	意义	符号	意义
C	符合国家标准	T	TTL 电路		C	0~70℃		
		H	HTL 电路		E	−40~85℃	B	塑料扁平
		E	ECL 电路		R	−55~85℃	F	多层陶瓷扁平
		C	CMOS 电路		M	−55~125℃	D	多层陶瓷双列直插
		F	线性放大器				P	塑料双列直插
		D	音响、电视电路				H	黑瓷扁平
		W	稳压器				J	黑瓷双列直插
		J	接口电路				K	金属菱形
		B	非线性电路				T	金属圆形
		M	存储器					

（3）集成运放的内部结构及引脚功能

集成运放的 LM324 引脚及实物如图 3-1-2 所示。

LM324 可用正电源 3~30 V,或正负双电源 ±（1.5~15）V 工作。它的内部包含四组形式完全相同的运算放大器,除电源共用外,四组运放相互独立。两个信号输入端中,IN_ 为反相输入端,IN$_+$为同相输入端,OUT 为输出端。V$_+$为电源正极端、GND 为接地端。由于 LM324 具有电源电压范围宽,静态功耗小,可单电源使用,价格低廉等特点,因此被广泛应用在各种电路中。

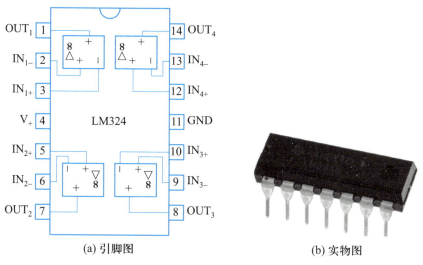

(a) 引脚图　　　　　　　(b) 实物图

图 3-1-2　LM324 的引脚及实物

（4）集成运放的图形符号

集成运放的图形符号如图 3-1-3 所示。画电路时,通常只画出输入和输出端,输入端标"+"号表示同相输入端,标"-"号表示反相输入端。"▷"表示运算放大器,"∞"表示开环增益极高。

2. 集成运放的结构

集成运放的内部结构由输入级、中间级、输出级,以及偏置电路四部分组成,如图 3-1-4 所示。

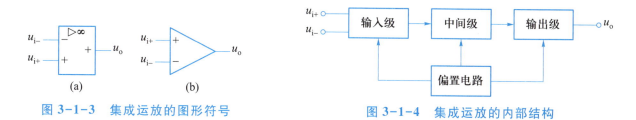

图 3-1-3　集成运放的图形符号　　　　图 3-1-4　集成运放的内部结构

1）输入级。输入级都采用差分放大电路,解决直接耦合放大电路中零点漂移的问题。

2）中间级。中间级的作用是提供高的放大倍数,通常由一级或两级有源负载放大电路构成。

3）输出级。输出级一般由互补对称电路构成,以提高输出功率和带负载能力。

4）偏置电路。偏置电路为各级提供稳定的静态工作电流,确保静态工作点的稳定。

3. 主要参数

（1）输入失调电压 U_{i0}

输入失调电压指输入电压为零时,为了使放大器输出电压为零,在输入端外加的补偿电压,一般为毫伏级。它表征电路输入部分不对称的程度,U_{io}越小,集成运放性能越好。

(2)输入失调电流 I_{io}

输入失调电流指输入电压为零时,为了使放大器输出电压为零,在输入端外加的补偿电流。其值为两个输入端静态基极电流之差。

(3)输入偏置电流 I_{iB}

输入偏置电流指输入电压为零时,两个输入端静态基极电流的平均值,一般为微安数量级,该值越小越好。

(4)开环电压放大倍数 A_{vo}

开环电压放大倍数指电路开环情况下,输出电压与输入差模电压之比。A_{vo}越大,集成运放运算精度越高,一般中增益运放的 A_{vo} 可达 10^5。

(5)开环输入阻抗 r_i

开环输入阻抗指电路开环情况下,差模输入电压与输入电流之比。r_i越大,集成运放性能越好,一般在几百千欧至几兆欧。

(6)开环输出阻抗 r_o

开环输出阻抗指电路开环情况下,输出电压与输出电流之比。r_o越小,集成运放性能越好,一般在几百欧左右。

(7)共模抑制比 K_{CMR}

共模抑制比指电路开环情况下,差模放大倍数 A_{vd} 与共模放大倍数 A_{vc} 之比。K_{CMR}越大,集成运放性能越好。一般在 80 dB 以上。

(8)开环带宽 BW

开环带宽指开环电压放大倍数随信号频率升高而下降 3 dB 所对应的带宽。

以上参数可根据集成运放的型号,从产品说明书等有关资料中查阅。

4. 集成运放的理想特性

集成运放的理想特性为:

1)输入信号为零时,输出端应恒定为零。

2)输入阻抗 $r_i = \infty$。

3)输出阻抗 $r_o = 0$。

4)频带宽度 BW 应从 $0 \rightarrow \infty$。

5)开环电压放大倍数 $A_{vo} = \infty$。

在实际应用中并不存在理想集成运放,但在不影响电路性能的情况下,为了分析方便,可将实际集成运放视为理想集成运放,以简化对电路的分析。

5. 理想集成运放特点

理想集成运放工作区域有两个,即线性工作区和非线性工作区。

工作在线性放大状态的理想集成运放具有两个重要特点：

（1）虚短：两输入端电位相等，即 $u_{i+} = u_{i-}$

虚短相当于两输入端短路，但又不是真正的短路，如图 3-1-5a 所示，故称为"虚短"。

（2）虚断：净输入端电流等于零，即 $i_i = 0$

虚断相当于两输入端断开，但又不是真正的断开，如图 3-1-5b 所示，故称为"虚断"。

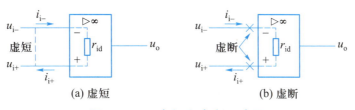

图 3-1-5　虚短和虚断示意图

任务实施

1. 常见集成运放的引脚识别

1）圆壳式集成运放引脚如图 3-1-6a 所示，识别方法为：将引脚朝上，从识别标记开始，沿顺时针方向依次为各引脚。

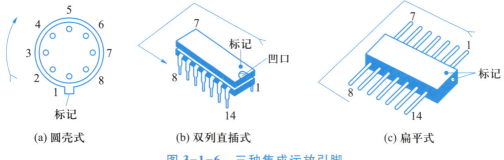

(a) 圆壳式　　(b) 双列直插式　　(c) 扁平式

图 3-1-6　三种集成运放引脚

2）双列直插式集成运放引脚如图 3-1-6b 所示，识别方法为：识别标记多为半圆形凹口，有的用金属封装标记或凹坑标记。引脚识别方法是将集成运放水平放置，引脚向下，标志朝左边，左下角为第一个引脚，然后按递时针方向依次为各引脚。

3）扁平式集成运放引脚如图 3-1-6c 所示，识别方法为：一般在封装表面上有一色标或凹口作为标记。从标记开始，沿递时针方向依次为各引脚。

2. LM324 集成运放的检测

开路测量电阻法指在集成电路未与其他电路连接时，通过测量集成电路各引脚之间的电阻来判别好坏的方法。如图 3-1-7 所示，用开路测量电阻法测试 LM324

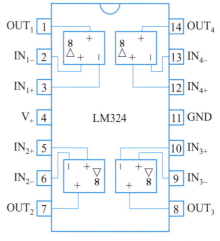

图 3-1-7　LM324 集成运放

集成运放的质量。

1）将万用表拨至 $R×1$ k 挡，按表 3-1-2 中红、黑表笔接法，读出电阻值，将测量结果填入表 3-1-2 中。

2）将实测阻值和正常阻值一一对照，如果两者基本相同，则被测集成运放正常，如果电阻差距很大，则被测集成运放损坏。

表 3-1-2 集成运放开路电阻测量

红表笔	黑表笔	正常阻值/kΩ	实测阻值/kΩ	检测结果
V_+	GND	4.5～6.5		
GND	V_+	16～17		
V_+	OUT	20		
GND	OUT	60～65		
IN_{1-}	V_+	50		
IN_{1+}	V_+	55		
IN_{2+}	V_+	50		
IN_{2-}	V_+	55		
IN_{3+}	V_+	50		
IN_{3-}	V_+	55		
IN_{4+}	V_+	50		
IN_{4-}	V_+	55		

任务二 逻辑电平测试电路的制作与测试 >>>

▌知识准备

1. 放大电路中的负反馈

反馈是将放大电路输出量的一部分或全部，按一定方式送回到输入端，与输入量一起参与控制，从而改善放大电路的性能。反馈电路一般由电阻或电容等元件组成，带反馈的放大电路如图 3-2-1 所示。

（1）反馈的分类及判别方法

1）正反馈和负反馈。根据反馈极性不同，有正、负反馈之分。正反馈指的是引入的反馈信号使放大电路的净输入信号增加，即能起到增强输入信号的作用；负反馈指的是引入的反馈信号使放大电路的净输入信号减小，即能起到削弱输入信号的作用。

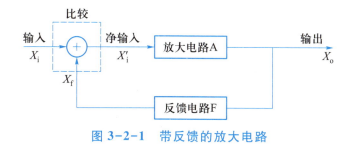

图 3-2-1　带反馈的放大电路

判别电路中正、负反馈通常用瞬时极性法。具体做法是：先假设放大电路输入端的信号在某一瞬时对地极性为"+"或"-"，并以此为依据，然后逐级判断电路中各相关点的电流流向和电位极性，并标出电路中三极管的各极瞬时极性，从而得到输出信号的极性。根据输出信号的极性再得到反馈信号的极性，最后把反馈到输入端的反馈信号极性和输入端假设的信号极性进行比较，来判断电路的净输入信号是增强还是削弱。若是增强了，则是引入正反馈；若是削弱了，则是引入负反馈。

图 3-2-2 所示电路为两级放大电路，两级电路中存在的反馈网络是由 R_f 构成的。假设三极管 VT1 的输入端瞬时极性为正极性(+)，根据第一级电路为共射电路具有倒相作用可知，VT1 的集电极瞬时极性为(-)，通过电容 C_2 耦合到第二级共发射极放大电路的输入端极性仍为(-)，经过倒相后，VT2 的集电极瞬时极性为(+)，再经过反馈网络 R_f 送到第一级电路 VT1 的发射极为(+)，此时反馈信号的极性与输入端的极性相同，因此 VT1 的净输入 $u_{BE} = u_i - u_f$ 减小，因此可知引入的是负反馈。

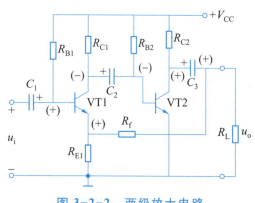

图 3-2-2　两级放大电路

2) 电压反馈和电流反馈。根据取自输出端的反馈信号的对象不同，可将反馈分为电压反馈和电流反馈。

反馈信号取自输出端的电压，即反馈信号和输出电压成正比，称为电压反馈(图 3-2-3a)。电压反馈时，反馈网络与输出回路负载并联。

反馈信号取自输出端的电流，即反馈信号和输出电流成正比，称为电流反馈(图 3-2-3b)。电流反馈时，反馈网络与输出回路负载串联。

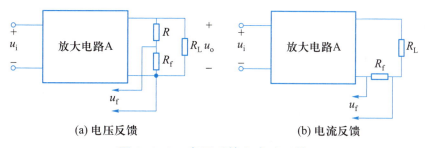

(a) 电压反馈　　　　　　　　　(b) 电流反馈

图 3-2-3　电压反馈和电流反馈

3）串联反馈和并联反馈。根据反馈电路把反馈信号送回输入端连接方式的不同,可分为串联反馈和并联反馈。

在输入端反馈电路和输入回路串联为串联反馈(图3-2-4a),反馈信号与输入信号以电压形式相加减。

在输入端反馈电路和输入回路并联为并联反馈(图3-2-4b),反馈信号与输入信号以电流形式相加减。

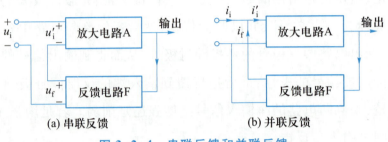

(a) 串联反馈   (b) 并联反馈

图 3-2-4   串联反馈和并联反馈

4）直流反馈和交流反馈。根据反馈量是交流量还是直流量,可将反馈分为直流反馈与交流反馈。

若电路将直流量反馈到输入回路,则称直流反馈。直流反馈多用于稳定静态工作点。若电路将交流量反馈到输入回路,则称交流反馈。交流反馈多用于改善放大电路的动态性能。

（2）负反馈对放大电路性能的改善

1）提高了放大倍数的稳定性。在放大电路中,我们希望放大倍数是一个稳定的值。但当环境温度、电源电压、电路元件参数、负载大小等因素发生改变时,都会引起放大倍数的波动。引入负反馈后,可以提高闭环增益的稳定性,使放大倍数更加稳定。这样对于电压负反馈,可以稳定输出电压;对于电流负反馈,可以稳定输出电流。

2）改善了放大电路的频率特性。由图3-2-5可知,无反馈时,中频段的电压放大倍数为$|A_v|$,其上、下限频率分别为f_H和f_L。加入负反馈后,中频段的电压放大倍数下降到$|A_{vf}|$。而高频段和低频段由于原放大倍数较小,其反馈量相对于中频段要小,因此放大倍数的下降量相对中频段要少,使放大电路的频率特性变得平坦,即通频带展宽了,使放大电路的频率特性得到改善。

3）减小了放大电路的非线性失真。在图3-2-6中,净输入信号u_i'是输入信号u_i与失真输出信号的反馈量u_f相减的结果,净输入信号u_i'的波形与原输出失真信号的畸变方向相反,从而使放大电路的输出信号波形

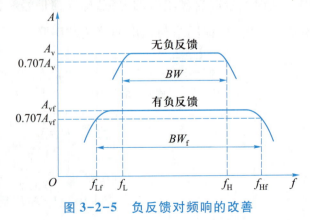

图 3-2-5   负反馈对频响的改善

得以改善,减小了非线性失真。

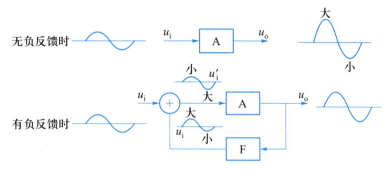

图 3-2-6 负反馈改善波形失真

4）改变了放大电路的输入电阻、输出电阻。放大电路引入负反馈后,输入电阻的改变取决于反馈电路与输入端的连接方式;输出电阻的改变取决于反馈量的性质。

① 输入电阻的改变

对于串联负反馈,在输入电压 u_i 不变时,反馈电压 u_f 削减了输入电压 u_i 对输入回路的作用,使净输入电压 u_i' 减小,致使输入电流 i_i 减小,相当于输入电阻增大,即串联负反馈增大输入电阻。

对于并联负反馈,在输入电压 u_i 不变时,反馈电流 i_f 的分流作用致使输入电流 i_i 增加,相当于输入电阻减小,即并联负反馈减小输入电阻。

② 输出电阻的改变

电压负反馈维持输出电压不受负载电阻变动的影响而趋于恒定,说明输出电阻比无反馈时输出电阻要小;而电流负反馈维持输出电流不受负载电阻变动的影响而趋于恒定,说明输出电阻比无反馈时输出电阻要大,即电压负反馈使输出电阻减小,电流负反馈使输出电阻增大。

结论:放大电路引入负反馈后,使放大倍数下降,但提高了放大倍数的稳定性,扩展了通频带,减小了非线性失真,改变了输入、输出电阻。

2. 集成运算放大电路的应用

（1）反相输入比例运算放大电路

如图 3-2-7 所示,反相输入比例运算放大电路为电压并联负反馈放大电路。

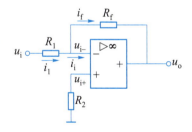

图 3-2-7 反相输入比例运算放大电路

利用虚断($i_i = 0$)的概念,则 $u_{i+} = 0$,又由于虚短($u_{i-} = u_{i+}$)的概念,所以

$$u_{i-} = u_{i+} = 0$$

$$i_1 = i_f,\ i_1 = \frac{u_i}{R_1},\ i_f = -\frac{u_o}{R_f}$$

则,输出电压为

$$u_o = -\frac{R_f}{R_1}u_i$$

反相输入比例运算放大电路的电压放大倍数为

$$A_u = \frac{u_o}{u_i} = -\frac{R_f}{R_1}$$

式中负号表示输出电压 u_o 和输入电压 u_i 反相。

（2）同相输入比例运算放大电路

如图 3-2-8 所示，同相输入比例运算放大电路为电压串联负反馈放大电路。

利用虚断（$i_i = 0$）的概念，则 $u_{i+} = u_i$，又利用虚短（$u_{i-} = u_{i+}$）的概念，那么，

$$u_{i-} = u_{i+} = u_i$$

由于 $i_i = 0$，则 $i_1 = i_f$，即

$$\frac{u_{i-} - 0}{R_1} = \frac{u_o - u_{i-}}{R_f}$$

$$u_o = \left(1 + \frac{R_f}{R_1}\right)u_{i-} = \left(1 + \frac{R_f}{R_1}\right)u_{i+}$$

输出电压为

$$u_o = \left(1 + \frac{R_f}{R_1}\right)u_i$$

同相输入比例运算放大电路的电压放大倍数为

$$A_u = \frac{u_o}{u_i} = 1 + \frac{R_f}{R_1}$$

表明输出电压 u_o 和输入电压 u_i 同相，且 u_o 大于 u_i，即电压放大倍数 $A_u > 1$。

（3）电压跟随器

如图 3-2-9 所示，电压跟随器是同相输入比例运算放大电路的特例。

由于 $R_1 \to \infty$，$A_u = 1$，$u_o = u_i$，因此该电路称为电压跟随器。因为电路具有高的输入阻抗和低的输出阻抗，电压跟随器在电子电路中应用极为广泛，常作为阻抗变换器或缓冲器。

（4）加法运算电路

如图 3-2-10 所示，加法运算电路是电压并联负反馈放大电路。

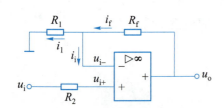

图 3-2-8　同相输入比例
运算放大电路

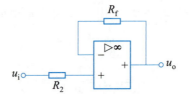

图 3-2-9　电压跟随器

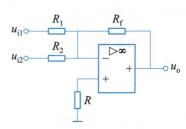

图 3-2-10　加法运算电路

当 u_{i1} 单独作用时,电路为反相输入比例放大电路, $u_{o1} = -\dfrac{R_f}{R_1} u_{i1}$。

同样,当 u_{i2} 单独作用时, $u_{o2} = -\dfrac{R_f}{R_2} u_{i2}$。

则 u_{i1}、u_{i2} 共同作用下电路输出电压为 $u_o = u_{o1} + u_{o2} = -\dfrac{R_f}{R_1} u_{i1} - \dfrac{R_f}{R_2} u_{i2}$

当 $R_1 = R_2 = R_f$ 时,则 $u_o = -(u_{i1} + u_{i2})$,实现加法运算,负号表示输出电压与输入电压相位相反。

▌任务实施

1. 电路原理图识读

如图 3-2-11 所示,LM324 逻辑电平测试电路包括输入整形电路、逻辑信号检测电路两部分。

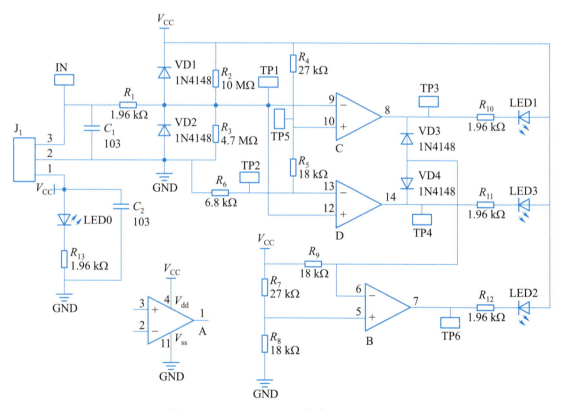

图 3-2-11 LM324 逻辑电平测试电路

输入的逻辑脉冲信号经过 C_1、R_1 阻容网络过滤掉尖峰干扰信号,保证检测更准确,再经过 VD1、VD2 进行正反向限幅,保护检测电路自身的安全,再送往比较器 C 和 D 进行判断。

比较器 C 用于逻辑高电平检测,比较器 D 用于逻辑低电平检测,比较器 B 用于有无输入信号检测,R_2、R_3 为比较器 C、D 提供 1.6 V 的起始输入参考电压,R_4、R_5、R_6 为其反相端提供参考电压,不同的阻值比例可选择合适的高、低电平分界电压,以满足测试 TTL、CMOS 等多种逻辑电平的要求。当 J_1 的 3 脚输入高逻辑电平时,比较器 C 的 8 脚输出低电平,LED1 导通,且发红光,显示输入的是高电平。当 J_1 的 3 脚输入低逻辑电平时,比较器 D 的 14 脚输出低电平,LED3 导通,发绿光,显示输入的是低电平。当无信号输入时,因为比较器 C、D 输出端都是高电平,VD3、VD4 也不导通,所以比较器 B 反相端 6 脚是高电平,比同相端 5 脚的电压高,所以输出端 7 脚输低电平,黄色 LED2 发光,表示没有信号输入,R_8、R_9 为比较器 B 提供 2.0 V 的参考电压。

2. 元器件及材料清单

元器件及材料清单见表 3-2-1。

表 3-2-1   元器件及材料清单

序号	名称	规格型号	数量	元器件符号
1	瓷片电容	103	2	C_1、C_2
2	集成电路	LM324	1	A、B、C、D
3	IC 座	14P IC 座	1	IC1
4	接线端子	301-3P	1	J_1
5	发光二极管	ϕ5 mm,红	2	LED0、LED1
6	发光二极管	ϕ5 mm,黄	1	LED2
7	发光二极管	ϕ5 mm,绿	1	LED3
8	1/4W 电阻	1.96 kΩ	5	R_1、$R_{10} \sim R_{13}$
9	1/4W 电阻	10 MΩ	1	R_2
10	1/4W 电阻	4.7 MΩ	1	R_3
11	1/4W 电阻	27 kΩ	2	R_4、R_7
12	1/4W 电阻	18 kΩ	3	R_5、R_8、R_9
13	1/4W 电阻	6.8 kΩ	1	R_6
14	开关二极管	1N4148	4	VD1 $\sim$ VD4
15	印制电路板	55 mm×38 mm 双面板	1	

3. 任务实施

(1) 装接电路

对照图 3-2-11 及图 3-2-12 装接电路。

1) 电路中所有集成电路、二极管、发光二极管均为有极性元件,注意不能装反方向。

2) 所有元件均应紧贴电路板表面安装,元件标识面朝向便于观察的一方。

3) 电源采用直流 5 V 供电,从 J_1 接线端子 1、2 引入,注意正负极性必须正确。逻辑信号从 J_1 接线端子的第 3 脚输入。

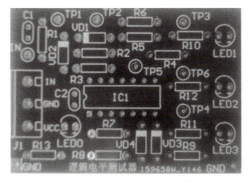

图 3-2-12　电路装配图

（2）电路调试与测量

检查电路连接是否正确，确保无误后方可开始调试。

1）当无信号输入时，比较器 C、D 输出端都是_____电平（高或低），VD3、VD4 状态_____（导通或截止），B 反相端 6 脚是_____电平（高或低），比同相端 5 脚的电压_____（高或低），所以输出端 7 脚_____电平（高或低），黄色 LED2_____（亮或灭），表示没有信号输入。

2）当有信号输入时，根据表 3-2-2 测量相关数据并填入表中。

表 3-2-2　测量数据记录表

J₁ 的 3 脚输入高电平	C 的 8 脚电位/V	LED1 状态（导通或截止）
J₁ 的 3 脚输入低电平	D 的 14 脚电位/V	LED3 状态（导通或截止）

▌知识拓展

差分放大电路

差分放大电路利用电路参数的对称性和负反馈作用，有效地稳定静态工作点，以放大差模信号抑制共模信号为显著特征，因此一般作为集成运放的输入级和中间级。

1. 零点漂移现象

零点漂移是指将直流放大器输入端对地短路，使之处于静态时，在输出仍然会出现不规则变化的电压。造成零点漂移的原因是电源电压的波动和三极管参数随温度的变化，其中温度变化是产生零点漂移的最主要原因。

2. 基本差分放大电路

（1）电路结构

基本差分放大电路是由两个完全对称的单管放大电路组成的，左右两个三极管的特性及相对应的电阻参数完全一致。

图 3-2-13 所示为差分放大电路的基本形式,只有当两个输入端之间有差别时,输出电压才有变动,差分放大电路由此得名。

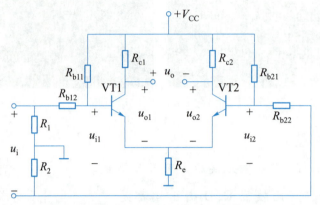

图 3-2-13   差分放大电路的基本形成

(2)抑制零点漂移的原理

差分放大电路因左右两个放大电路完全对称,当 $u_i = 0$ 时,$u_o = u_{o1} - u_{o2} = 0$,因此具有零输入时零输出的特点。当温度变化时,两管的输出变化(即每管的零点漂移)相同,从而有效地抑制了零点漂移。

(3)差模输入

输入信号 u_i 被 R_1、R_2 分压为大小相等、极性相反的一对输入信号分别输入到两管的基极,称为差模信号。差分放大电路的差模放大倍数为

$$A_{VD} = \frac{u_o}{u_i} = \frac{u_{o1} - u_{o2}}{u_i} = \frac{A_{V1}u_{i1} - A_{V2}u_{i2}}{u_i} = \frac{\frac{1}{2}u_i A_V - \left(-\frac{1}{2}u_i A_V\right)}{u_i} = A_V$$

上式表明:基本差分放大电路的 A_{VD} 和单个管放大电路的放大倍数 A_V 是相等的,用多一倍的元件换来了对零点漂移的抑制能力。

(4)共模输入

在两个输入端加上一对大小相等、极性相同的信号 $u_{i1} = u_{i2} = u_i$,称为共模信号,这种输入方式称为共模输入。

对于完全对称的差分放大电路,输出电压 $u_o = u_{o1} - u_{o2} = 0$,共模电压放大倍数为

$$A_{VC} = \frac{u_o}{u_i} = 0$$

共模放大倍数 A_{VC} 越小,表明抑制零点漂移能力越强。

(5)共模抑制比

共模抑制比计算公式为

$$K_{CMR} = \left| \dfrac{A_{VD}}{A_{VC}} \right|$$

它是反映差分放大电路放大有用的差模信号和抑制有害的共模信号能力的一个综合指标,其中,A_{VD}是差模放大倍数,A_{VC}是共模放大倍数。显然,K_{CMR}越大,电路对共模信号的抑制能力越强。理想情况下,$A_{VC}=0$,$K_{CMR} \rightarrow \infty$。

3. 典型差分放大电路

基本差分放大电路是借助电路的对称性来抑制零点漂移,单管输出信号时,仍然存在零点漂移的问题,为了克服以上缺点,差分放大电路通常采用如图 3-2-14 所示的典型差分放大电路,增加了调零电位器 R_P 和负电源 V_{EE}。

(1)调零电位器 R_P

当输入信号 $u_i = 0$ 时,输出电压不为零,这时可调节 R_P,使电路达到对称,使 $u_o = 0$。

(2)发射极电阻 R_e

其作用是引入共模负反馈。

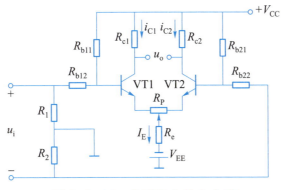

图 3-2-14 典型差分放大电路

课题二
正弦波振荡电路的制作与调试

课题描述

在本课题中我们要了解正弦波振荡电路的组成及种类,了解振荡电路的工作原理,自激振荡的条件。熟悉常用振荡电路(如 *RC* 振荡电路、*LC* 振荡电路)的主要特点。会用万用表、示波器等测量设备对电路进行测试,并结合测试结果分析电路工作原理。

知识目标

1. 了解正弦波振荡电路的组成及种类。
2. 了解振荡电路的工作原理和自激振荡的条件。
3. 熟悉常用振荡电路的主要特点及作用。

技能目标

1. 会识读 *RC* 正弦波振荡电路原理图,能根据参数计算 *RC* 正弦波振荡电路振荡频率。
2. 会安装、调试与测试 *RC* 桥式音频信号发生器。
3. 会用万用表和示波器测量电路的参数和波形。

任务三　*RC* 正弦波振荡电路的制作与调试 >>>

知识准备

正弦波振荡电路是一种不需要外加输入信号,能够自己产生特定频率正弦波输出信号的电路,在无线电通信、仪器仪表、广播电视等领域有着广泛的应用。

1. 正弦波振荡电路的组成

从电路结构上看,正弦波振荡电路就是一个没有输入信号的正反馈放大电路。如果一个放大电路的输入端不接外加的信号,而有正弦波信号输出,这种电路就称为正弦波自激振荡电路,简称正弦波振荡电路。如图 3-3-1 所示,正弦波振荡电路由放大电路、反馈电路、选频网络和稳幅电路等部分组成。

其中放大电路部分具有放大信号作用,并将直流电能转换成振荡的能量。反馈电路能将输出信号正反馈到放大电路的输入端,作为输入信号,使电路产生自激振荡。选频网络的作用是选择某一频率f_0的信号,使电路保证在这一频率下产生振荡。稳幅电路用于稳定输出电压振幅,改善振荡波形。

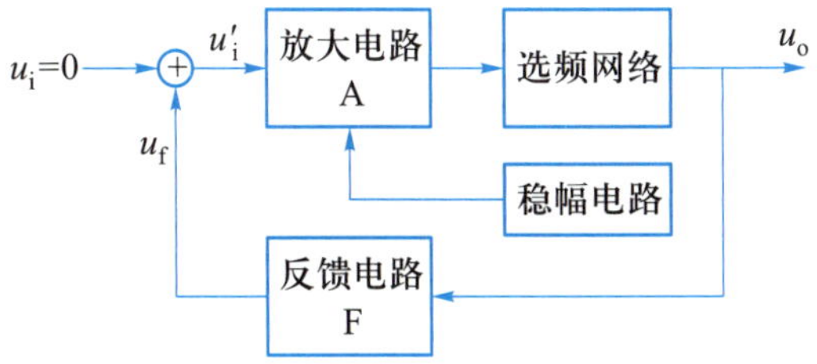

图 3-3-1　正弦波振荡电路组成

2. 自激振荡的过程

在电路接通电源的一瞬间,由于电路中电流从零突变到某一值,它包含着丰富的交流谐波,经选频网络选出频率为某一频率的信号,一方面由输出端输出,另一方面经正反馈网络送回到输入端,经放大和选频,这样周而复始,不断地反复,只要反馈信号大于初始信号,振荡将由弱到强地建立起来。

3. 正弦波振荡电路产生振荡的条件

振荡电路的任务:第一要能够产生振荡,第二要能够维持振荡持续不停,即不仅要相位相同,而且要幅度相等。

(1)相位平衡条件

振荡器要维持振荡,电路必须是正反馈,即反馈电压 u_f 的相位与净输入电压 u'_i 的相位必须相同,即

$$\varphi = \varphi_{u'_i} - \varphi_{u_f} = 2n\pi\,(\,n = 0,1,2,3,\cdots\,)$$

其中,$\varphi_{u'_i}$ 为净输入电压的相位,φ_{u_f} 为反馈电压的相位。

(2)振幅平衡条件

由放大电路输出端反馈到放大电路输入端的信号强度要足够大,所以自激振荡的振幅平衡条件是

$$AF \geqslant 1$$

其中,A 是放大电路的放大倍数,F 是反馈电路的反馈系数。在图 3-3-1 中,u'_i 是放大电路的净输入信号,要维持等幅振荡,反馈电压的大小必须等于净输入电压的大小,即 $u_f = u'_i$。

4. RC 正弦波振荡电路

RC 正弦波振荡电路是以电阻和电容构成选频网络的振荡电路,具有电路结构简单、易于调节等优点,应用最广泛的是 RC 文氏电桥振荡电路。

(1)RC 串并联网络的选频特性

将电阻 R_1 与电容 C_1 串联、电阻 R_2 与电容 C_2 并联所组成的网络称为 RC 串并联选频网络,如图 3-3-2a 所示。一般为了调节方便,通常选取 $R_1 = R_2 = R$,$C_1 = C_2 = C$。由于电路中采用了两个电抗元件 C_1 和 C_2,从图 3-3-2b 可以发现,当不同频率的信号输入后,即使输入信号的幅度不变,输出信号的幅度和频率也不相同。

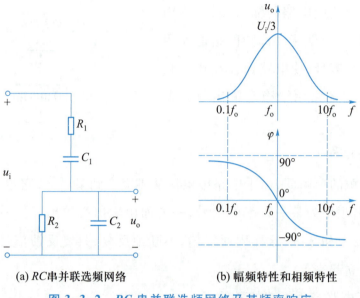

(a) RC串并联选频网络　　(b) 幅频特性和相频特性

图 3-3-2　RC 串并联选频网络及其频率响应

1）当输入信号的频率 $f=f_o$ 时，输出电压 u_o 幅值最大，为 $\dfrac{U_i}{3}$。其输出信号与输入信号之间的相位差 $\varphi=0$。

2）当 $f \neq f_o$ 时，输出电压幅度很快衰减，存在一定的相移。所以 RC 串并联网络具有选频特性。

3）谐振频率 f_o 取决于选频网络 R、C 元件的数值，计算公式为

$$f_o = \frac{1}{2\pi RC}$$

（2）RC 正弦波振荡电路作原理

RC 文氏电桥振荡电路如图 3-3-3 所示，由 RC 串并联网络构成具有选频作用的正反馈支路幅频和相频特性可知，当电路的输入信号的频率等于网络的固有频率 $f_o = \dfrac{1}{2\pi RC}$ 时，正反馈系数 $F = \dfrac{1}{3}$ 最大且输入信号和输出信号的相位差为零。根据自激振荡的相位和幅值平衡条件可知，为满足起振条件 $AF>1$ 和

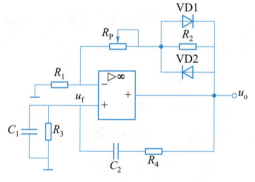

图 3-3-3　RC 文氏电桥振荡电路

振幅平衡条件 $AF=1$，同相放大电路的电压放大倍数必须为 $A_u \geq 3$，即起振时大于 3，平衡时等于 3。

在此电路中，由 RC 串并联网络组成正反馈支路和选频网络，这部分电路决定了电路的振荡频率；由 R_P、VD1、VD2 和 R_2 组成负反馈支路和稳幅环节。负反馈电路控制运算放大器的增益。改变 R_P 的阻值可改变输出电压的峰值。调节 R_P 为适当值，电路即能起振，输出正弦波，并利用 VD1、VD2 的非线性实现稳幅。并联电阻 R_2 有改善二极管非线引起波形失真的作用。

在实际应用中,常选取文氏电桥两个支路中的 R、C 相同,当 R 选用同轴双连电位器,或 C 选用双连可变电容器时,即可以实现振荡频率的连续可调,输出正弦波的频率为

$$f_\mathrm{o} = \frac{1}{2\pi RC}$$

任务实施

1. RC 正弦波振荡电路原理图识读

采用集成运放组成的 RC 正弦波振荡电路如图 3-3-4 所示,它由同相放大电路和具有选频作用的 RC 串并联网络组成,其中放大元件由集成运放 LM358 承担,它与 R_1、R_P、R_2、R_3、VD1、VD2 组成同相放大器,VD1、VD2 起稳幅作用;R_4、C_1、R_5、C_2 组成 RC 串并联选频网络,在电路中起正反馈作用。

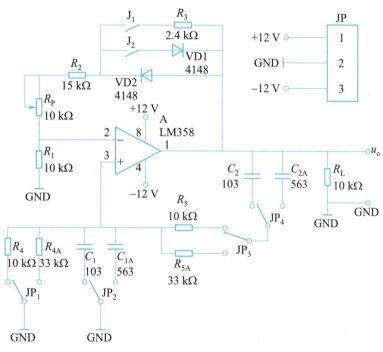

图 3-3-4　RC 正弦波振荡电路

2. 元器件识别

(1) 元器件清单

元器件及材料清单见表 3-3-1。

表 3-3-1　元器件及材料清单

序号	名称	规格型号	数量	元器件符号
1	瓷片电容	103	2	C_1、C_2
2	涤纶电容	472-563	2	C_{1A}、C_{2A}
3	集成电路(DIP)	LM358	1	A

续表

序号	名称	规格型号	数量	元器件符号
4	2P 跳线帽	CJ13	3	J_1,J_2
5	22P 单排针	22-25P 排针	3	$JP_1 \sim JP_4$、$J_1 \sim J_2$、JP
6	1/4W 直插电阻	10 kΩ	4	R_1、R_4、R_5、R_L
7	1/4W 直插电阻	15 kΩ	1	R_2
8	1/4W 直插电阻	2.4 kΩ	1	R_3
9	1/4W 直插电阻	33 kΩ	2	R_{4A}、R_{5A}
10	8 mm 卧式可调电阻	10 kΩ 可调	1	R_P
11	开关二极管	4148	2	VD1、VD2
12	集成电路板	42.2 mm×41 mm	1	

（2）LM358 引脚识别

LM358 内部结构及引脚如图 3-3-5a 所示，图 3-3-5b 所示为其实物图。

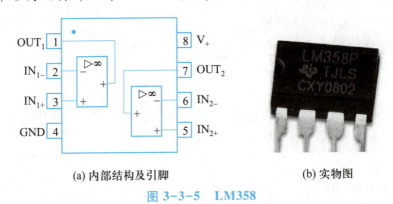

(a) 内部结构及引脚   (b) 实物图

图 3-3-5   LM358

3. 电路装接

对照电路图（图 3-3-4）与装配图（图 3-3-6），进行电路装接。

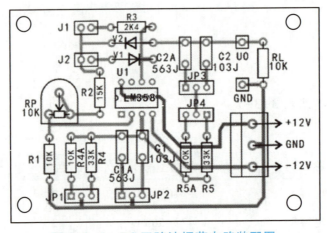

图 3-3-6   *RC* 正弦波振荡电路装配图

4. 电路调试

1）电路安装完成后，应对电路进行认真复查，并确认短路环 J_1、J_2 是接通的，确定安装无误后方可通电调试。

2）将短路环 $JP_1 \sim JP_4$ 都接到图 3-3-4 中"1"的位置上，此时应为 $R_4 = R_5 = 10 \text{ k}\Omega$、$C_1 = C_2 = 0.01 \text{ μF}$，调节电位器 R_P，同时用示波器观察输出电压 u_o 波形，直至出现完好正弦波为止，记录波形并测量最大不失真电压 u_o 的幅度 $U_{om} = $ _____ V，波形的周期 $T = $ _____ ms，频率 $f_0 = $ _____ Hz。

3）将短路环 $JP_1 \sim JP_4$ 都接到图 3-3-4 中"2"的位置上，此时应为 $R_{4A} = R_{5A} = 33 \text{ k}\Omega$、$C_{1A} = C_{2A} = 0.056 \text{ μF}$（具体值见套件），调节电位器 R_P，同时用示波器观察输出电压 u_o 波形，直至出现完好正弦波为止，记录波形并测量最大不失真电压 u_o 的幅度 $U_{om} = $ _____ V，波形的周期 $T = $ _____ ms，频率 $f_0 = $ _____ Hz。

4）将短路环 JP_1、JP_3 接到图 3-3-4 中"1"的位置上，短路环 JP_2、JP_4 接到图 3-3-4 中"2"的位置上，此时应为 $R_4 = R_5 = 10 \text{ k}\Omega$，$C_{1A} = C_{2A} = 0.056 \text{ μF}$（具体值见套件），调节电位器 R_P，同时用示波器观察输出电压 u_o 波形，直至出现完好正弦波为止，记录波形并测量最大不失真电压 u_o 的幅度 $U_{om} = $ _____ V，波形的周期 $T = $ _____ ms，频率 $f_0 = $ _____ Hz。

5）将短路环 JP_1、JP_3 接到图 3-3-4 中"2"的位置上，短路环 JP_2、JP_4 接到图 3-3-4 中"1"的位置上，此时应为 $R_{4A} = R_{5A} = 33 \text{ k}\Omega$，$C_1 = C_2 = 0.01 \text{ μF}$，调节电位器 R_P，同时用示波器观察输出电压 u_o 波形，直至出现完好正弦波为止，记录波形并测量最大不失真电压 u_o 的幅度 $U_{om} = $ _____ V，波形的周期 $T = $ _____ ms，频率 $f_0 = $ _____ Hz。

知识拓展

LC 正弦波振荡电路

RC 正弦波振荡电路频率调节方便、波形失真小、频率调节范围宽，适用于所需正弦波振荡频率较低的场合。当振荡频率较高时，应选用 LC 正弦波振荡电路。LC 正弦波振荡电路是一种高频振荡电路。常用的 LC 正弦波振荡电路有变压器反馈式、电感三点式和电容三点式三种。

1. LC 并联谐振电路的选频特性

LC 正弦波振荡电路采用 LC 并联谐振电路作为选频网络，如图 3-3-7 所示，其中 R 表示电感和电容的等效损耗电阻。

信号频率 f 较低时，电容的容抗很大，网络呈感性；在信号频率 f 较高时，网络呈容性；只有当 $f = f_0$ 时，网络才呈阻性，其阻抗无穷大，相移 $\varphi = 0°$。LC 并联谐振电路的谐振频率为

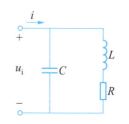

图 3-3-7　LC 并联谐振电路

$$f_0 = \frac{1}{2\pi\sqrt{LC}}$$

2. 变压器反馈式振荡电路

如图 3-3-8 所示,基本放大电路由三极管及分压式偏置放大电路构成,选频网络由变压器一次绕组 L 和电容 C 组成,反馈电压由变压器二次绕组 L_1 取出经耦合电容 C_b 送到三极管的基极。

相位平衡条件:相位平衡条件是电路必须是正反馈。利用瞬时极性法判别,设三极管基极极性为正,则集电极极性为负,L 加点端极性为正,故 L_1 加点同名端极性为正,反馈信号与假设输入信号极性相同,满足相位平衡条件。

该电路的起振条件极易满足。实际应用中通过调节 L_1 的匝数,可以调节反馈系数的大小,使反馈量符合要求。

变压器反馈式振荡电路的振荡频率为 LC 谐振回路的谐振频率,即

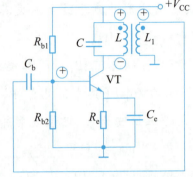

图 3-3-8 变压器反馈式振荡电路

$$f_0 \approx \frac{1}{2\pi\sqrt{LC}}$$

变压器反馈式振荡电路易于产生振荡,波形失真度小,应用范围广,振荡频率通常在几兆赫至几十兆赫之间,但振荡频率的稳定性较差,适用于固定频率的振荡电路。

3. 电感三点式振荡电路

图 3-3-9 所示为电感三点式振荡电路。R_{b1}、R_{b2} 和 R_e 为偏置电阻,为电路提供稳定的静态工作点。L_1、L_2 和 C 组成了选频网络,反馈电压取自 L_2 两端。C_b 为耦合电容,C_e 为旁路电容。由于电感的三个引出端分别与三极管的三个电极相连,所以称为电感三点式振荡电路。

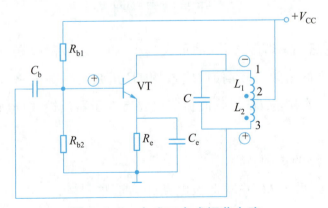

图 3-3-9 电感三点式振荡电路

电路的振荡频率等于 LC 并联电路的谐振频率,即

$$f_0 = \frac{1}{2\pi\sqrt{LC}}$$

式中，$L = L_1 + L_2 + 2M$，M 是 L_1 与 L_2 之间的互感系数。

电感三点式振荡电路结构简单，容易起振，改变绕组抽头的位置，可调节振荡电路的输出幅度。采用可变电容可获得较宽的频率调节范围，工作频率一般可达几十千赫至几十兆赫。但其波形较差，频率稳定性也不高，通常用于对波形要求不高的设备中，如接收机的本机振荡电路等。

4. 电容三点式振荡电路

图 3-3-10 所示为电容三点式振荡电路。选频网络由电感 L 以及电容 C_1、C_2 组成，选频网络中的 1 端通过输出耦合电容 C_c 接集电极，2 端通过旁路电容 C_e 接发射极，3 端通过耦合电容 C_b 接基极。由于电容的三个端子分别与三极管 VT 的三个电极相连，故称为电容三点式振荡电路。

振荡频率由 LC 回路谐振频率确定，电路的振荡频率为

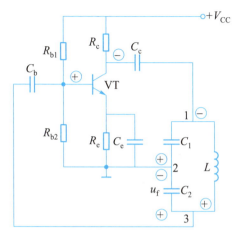

图 3-3-10　电容三点式振荡电路

$$f_0 = \frac{1}{2\pi\sqrt{LC}}$$

式中，$C = C_1 C_2 / (C_1 + C_2)$。

电容三点式振荡电路结构简单，输出波形较好，振荡频率较高，可达 100 MHz 以上。调节 C_1 或 C_2 可以改变振荡频率，但同时会影响起振条件，因此，这种电路适用于产生固定频率的振荡。实用中改变频率的办法是在电感 L 两端并联一个可变电容，用来微调频率。

思考与练习

一、判断题

1. 理想集成运放的开环放大倍数 $A_{uo} = 0$。（　　　）

2. 无论集成运放工作在何种状态，都可以用虚短、虚断进行分析。（　　　）

3. 集成运放线性使用时，一般接成深度负反馈形式。（　　　）

4. 同相输入比例运算放大电路可以构成电压跟随器。（　　　）

5. 一个完全对称的差分放大电路，其共模放大倍数为零。（　　　）

6. RC 正弦波振荡电路中，如果没有选频网络，就不能引起自激振荡。（　　　）

7. 一个正常的放大电路，引入正反馈后，就一定能产生自激振荡。（　　　）

8. 有正弦波输出的电路一定是正弦波振荡电路。（　　　）

二、填空题

1. 集成运放的内部由＿＿＿＿＿＿＿＿、＿＿＿＿＿＿＿＿、＿＿＿＿＿＿＿＿和＿＿＿＿＿电路四部分

组成。

2. 理想集成运放,其净输入信号有两个特点,即净输入电压 $u_i = 0$ 和净输入电流 $i_i = 0$,通常分别称为_____和_____。

3. 反馈放大电路由_____和反馈电路两部分组成。反馈电路是跨接在____端和____端之间的电路。

4. 负反馈指的是引入的反馈信号使放大电路的净输入信号_____,判别电路中正、负反馈通常用_____法。

5. 自激振荡电路初始的输入信号来自_____。

6. 振荡电路的振幅平衡条件为_____,是指反馈信号幅值必须_____输入信号的幅值;相位平衡条件为反馈信号必须与输入信号_____,即形成_____反馈。

三、选择题

1. 关于理想集成运放的正确叙述是_____。

A. 输入信号为零时,输出处于零电位　　　B. 频带宽度为无穷大

C. 开环放大倍数为 0　　　　　　　　　　D. 输入阻抗为零,输出阻抗也为零

2. 集成运放内部第一级多采用_____。

A. 共发射极放大电路　　　　　　　　　　B. 差分放大电路

C. 射极输出器　　　　　　　　　　　　　D. 复合互补对称电路

3. 工作在线性放大状态的集成运放应处于_____。

A. 电压并联反馈状态　　　　　　　　　　B. 电压串联反馈状态

C. 开环状态　　　　　　　　　　　　　　D. 负反馈状态

4. 差分放大器抑制零漂的效果取决于_____。

A. 两个在三极管的放大倍数　　　　　　　B. 两个三极管的对称程度

C. 三极管的静态工作点的位置　　　　　　D. 每个三极管的穿透电流要小

5. 理想集成运放电路如题图 3-1 所示,R_f 引入的反馈类型为_____。

A. 电压并联负反馈　　　　　　　　　　　B. 电流并联负反馈

C. 电流串联负反馈　　　　　　　　　　　D. 电压串联负反馈

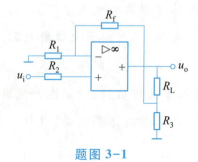

题图 3-1

6. RC 正弦波振荡电路中选频网络的主要作用是＿＿＿＿。

A. 产生单一频率的振荡　　　　　　B. 提高输出信号的振幅

C. 保证电路起振　　　　　　　　　D. 电流并联负反馈

7. 在 RC 正弦波振荡电路中,放大电路的主要作用是＿＿＿＿。

A. 保证电路满足振幅平衡条件　　　B. 保证电路满足相位平衡条件

C. 把外界的影响减弱　　　　　　　D. 能量放大

8. 电容三点式振荡电路和电感三点式振荡电路比较,其优点是＿＿＿＿。

A. 电路组成简单　　　　　　　　　B. 输出波形较好

C. 容易调节振荡频率　　　　　　　D. 容易起振

四、问答与计算题

1. 负反馈对放大电路性能有哪些改善?

2. 电路如题图 3-2 所示,已知 $R_1 = 10\ \text{k}\Omega$,$R_f = 100\ \text{k}\Omega$,$u_i = 0.6\ \text{V}$,分别求输出电压 u_o。

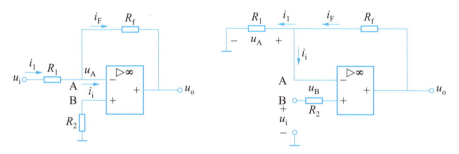

题图 3-2

3. 如题图 3-3 所示,已知 $u_{i1} = 4\ \text{V}$,$u_{i2} = -3\ \text{V}$,$u_{i3} = -2\ \text{V}$,求 u_o 的值。

4. 题图 3-4 所示是未画完整的,正弦波振荡电路。

1) 完成各节点的连接。

2) R_4 阻值为多大时电路才能振荡?

3) 振荡频率为多少?

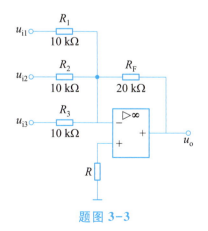

题图 3-3

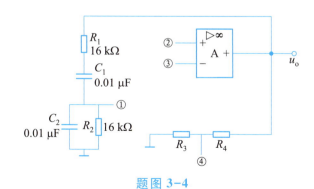

题图 3-4

直流稳压电源的制作与调试

学习目标

1. 能识别稳压二极管,了解其实际应用。

2. 了解稳压二极管稳压电路的原理。

3. 熟悉稳压电源的组成及作用,会计算稳压电源的稳压范围。

4. 能说出集成稳压电源的种类、主要参数,会识别常见集成稳压电源的引脚。

5. 知道集成稳压电源的典型应用,会识读常用集成稳压电源的原理图。

6. 会安装与调试集成稳压电源电路,会测量调压范围。

7. 了解开关稳压电源的主要特点。

课 题 一

分立元件稳压电源的制作与调试

课题描述

在本课题中,我们将认识稳压二极管,熟悉稳压电源的组成。根据电路原理图完成稳压电源的装接,用万用表、示波器等测量设备对电路进行测试,并结合测试结果分析电路工作原理。

知识目标

1. 了解稳压二极管稳压电路的原理。
2. 熟悉稳压电源的组成及作用,掌握稳压电源的工作原理。

技能目标

1. 会识别与检测稳压二极管。
2. 会识读稳压电源的电路原理图。
3. 会安装与调试稳压电源,会测量调压范围。

任务一　并联型稳压电源的制作与调试 >>>

知识准备

交流电经整流滤波后得到直流电,但当电网电压发生波动或负载变化比较大时,其输出电压仍会不稳定。为此,在整流滤波电路后面还需要增加稳压电路,使之变成稳定的直流电。

图4-1-1所示为直流稳压电源的组成框图,其主要组成部分有电源变压电路、整流电路、滤波电路、稳压电路等。

图 4-1-1　直流稳压电源的组成框图

直流稳压电源各部分的作用如下。

电源变压电路的作用是对电网电压进行降压,同时变压器还可以将直流电源与电网隔离。

整流电路的作用是将降压后的交流电压转换为单向的脉动直流电压。

滤波电路的作用是对整流电路输出的脉动直流电压进行滤波,从而得到纹波成分很小的直流电压。

稳压电路的作用是对输出电压进行稳压,从而保证输出直流电压的基本稳定。

对于电源变压、整流、滤波三个环节在前面已经学习过了,本单元将重点学习稳压环节的相关内容。按稳压元件与负载的连接关系不同,分立元件直流稳压电源可分为并联型、串联型两种。

1. 并联型稳压电源的组成

图 4-1-2 所示是由稳压二极管组成的并联型稳压电源,电路中的稳压二极管 VZ 并联在负载 R_L 两端。稳压电路的输入电压 U_i 来自整流、滤波电路的输出电压,电阻 R 起限流和分压作用。

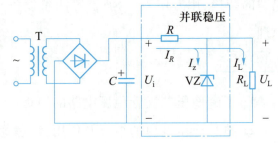

图 4-1-2　由稳压二极管组成的
并联型稳压电源

2. 稳压二极管

稳压二极管又称为齐纳二极管,简称稳压管。利用二极管被反向击穿后,在一定反向电流范围内反向电压不随反向电流变化这一特性,在电路中能起稳定电压的作用。稳压二极管的图形符号、外形和伏安特性曲线如图 4-1-3 所示。

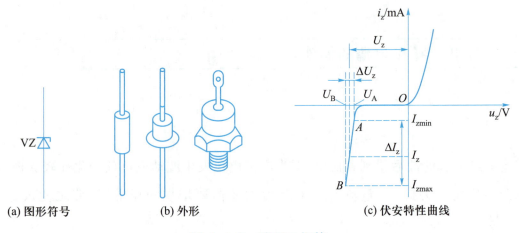

(a) 图形符号　　　　　(b) 外形　　　　　(c) 伏安特性曲线

图 4-1-3　稳压二极管

稳压二极管的正向特性与普通二极管相同,但是它的反向击穿特性更陡直。稳压二极管通常工作于反向击穿区,只要击穿后反向电流不超过极限值,稳压二极管就不会发生热击穿损坏,为此,必须在电路中串接限流电阻。稳压二极管反向击穿后,当流过稳压二极管的电流在很大范围内变化时,管子两端的电压几乎不变,从而可以获得一个稳定的电压。稳压二极管的类型很多,主要有 2CW、2DW 系列。

稳压二极管的主要参数如下。

1）稳定电压 U_z,即稳压二极管的反向击穿电压。

2）稳定电流 I_z,指稳压二极管在稳定电压下的工作电流。

3）动态电阻 r_z,指稳压二极管两端电压变化量 ΔU_z 与通过电流变化量 ΔI_z 之比,即

$$r_z = \frac{\Delta U_z}{\Delta I_z}$$

r_z 越小,说明 ΔI_z 引起的 ΔU_z 变化越小。可见,动态电阻小的稳压二极管稳压性能好。

3. 并联型稳压电源的稳压原理

当输入电压 U_i 升高或负载 R_L 阻值变大时,造成输出电压 U_L 随之增大。那么稳压二极管 V_z 的反向电压也会上升,从而引起稳压管电流 I_z 的急剧加大,流过限流电阻 R 的电流 I_R 也加大,导致 R 上的压降 U_R 上升,由于 $U_L = U_i - U_R$,从而抵消了输出电压 U_L 的波动,其稳压过程如图 4-1-4 所示。

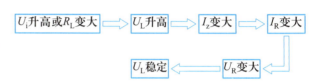

图 4-1-4　并联型稳压电源的稳压过程

并联型稳压电源结构简单,元件少,但输出电压由稳压二极管的稳压值决定,不能调节。适用于电压固定且负载电流变化范围不大的小功率负载场合。

任务实施

1. 电路组成

并联型稳压电源的测试电路如图 4-1-5 所示。

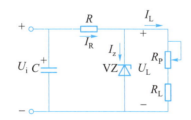

图 4-1-5　并联型稳压电源的测试电路

2. 元器件及材料清单

元器件及材料清单见表 4-1-1。

表 4-1-1　元器件及材料清单

序号	名称	型号规格	数量	元器件符号
1	电解电容	470 μF/25 V	1	C
2	1/4 W 电阻	200 Ω	1	R

续表

序号	名称	型号规格	数量	元器件符号
3	1/4 W 电阻	10 k Ω	1	R_P
4	1/4 W 电阻	500 Ω	1	R_L
5	稳压二极管	2C W54	1	Vz
6	通用电路板	20 cm×10 cm	1	

3. 电路装接与测试

1）按照图 4-1-5 在通用电路板上连接好电路。

2）电路检查无误后，接入 15 V 直流电源。

3）调节 R_P 使负载电路 I_L 分别为 1 mA、5 mA、10 mA 时测量 U_L、U_R、I_R，把测量结果填入表 4-1-2 中。

表 4-1-2 测量结果

I_L/mA	1	5	10
U_L/V			
U_R/V			
I_R/mA			

任务二 串联型稳压电源的制作与调试 >>>

▌知识准备

1. 简单串联型稳压电源

（1）电路组成

如图 4-2-1 所示，图中 VT 为调整管，工作在放大区，起电压调整作用；VZ 为稳压二极管，用于稳定 VT 的基极电压 U_B，提供稳压电路的基准电压 U_Z；R_1 既是 VZ 的限流电阻，又是 VT 的偏置电阻；R_2 为 VT 的发射极电阻；R_L 为外接负载。

（2）稳压过程

简单串联型稳压电源稳压过程简述如下：

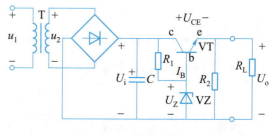

图 4-2-1 简单串联型晶体管稳压电源

设输入电压不变,则 $U_o\uparrow\rightarrow U_{BE}\downarrow\rightarrow I_B\downarrow\rightarrow U_{CE}\uparrow\rightarrow U_o\downarrow$。

因负载电流由 VT 供给,所以与并联型稳压电路相比,可以供给较大的负载电流。但该电路对输出电压微小变化量反映不明显,稳压效果不好,只能用在对电压要求不高的电路中。

2. 带有放大环节的串联型稳压电源

(1)电路组成

如图 4-2-2 所示,VT1 为调整管,起电压调整作用;VT2 是比较放大管,与集电极电阻 R_4 组成比较放大器;VZ 是稳压二极管,与限流电阻 R_3 组成基准电源,为 VT2 发射极提供基准电压;R_1、R_2 和 R_P 组成采样电路,取出一部分输出电压的变化量加到 VT2 管的基极,与 VT2 发射极基准电压进行比较,其差值电压经过 VT2 放大后,送到调整管的基极,控制调整管的工作。

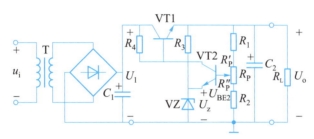

图 4-2-2 带有放大环节的串联型稳压电源

(2)稳压过程

设 R_L 恒定,当 $U_i\uparrow\rightarrow U_o\uparrow\rightarrow U_{B2}\uparrow\rightarrow U_{BE2}\uparrow\rightarrow U_{C2}\downarrow\rightarrow U_{BE1}\downarrow\rightarrow U_{CE1}\uparrow$

$U_o\downarrow\longleftarrow$

(3)输出电压调节范围

由图 4-2-2 可知

$$U_{B2}=U_{BE2}+U_z\approx\frac{R_P''+R_2}{R_1+R_P+R_2}\cdot U_o$$

即

$$U_o\approx\frac{R_1+R_P+R_2}{R_P''+R_2}(U_{BE2}+U_z)$$

当 R_P 的滑动臂移到最上端时,$R_P'=0$,$R_P''=R_P$,U_o 达到最小值,即

$$U_{omin}\approx\frac{R_1+R_P+R_2}{R_P+R_2}(U_{BE2}+U_z)$$

当 R_P 的滑动臂移到最下端时,$R_P'=R_P$,$R_P''=0$,U_o 达到最大值,即

$$U_{omax}\approx\frac{R_1+R_P+R_2}{R_2}(U_{BE2}+U_z)$$

则输出电压 U_o 的调节范围为

$$U_{\mathrm{omin}} \sim U_{\mathrm{omax}}$$

以上各式中的 U_{BE2} 为 0.6~0.8 V。

综上所述,带有放大环节的串联型稳压电源,一般由四部分组成,即取样电路、基准电压、比较放大电路和调整元件,如图 4-2-3 所示。

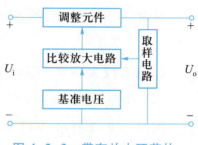

图 4-2-3   带有放大环节的串联型稳压电源

该电路的优点是输出电流较大,输出电压可调;缺点是电源效率低,大功率电源调整元件需安装散热装置。

例:设图 4-2-2 中的稳压二极管为 2CW14,$U_z = 7$ V。采样电阻 $R_1 = 1$ kΩ,$R_P = 200$ Ω,$R_2 = 680$ Ω,试估算输出电压的调节范围。

解:设 $U_{\mathrm{BE2}} = 0.7$ V,则

$$U_{\mathrm{omin}} \approx \frac{R_1 + R_P + R_2}{R_P + R_2}(U_{\mathrm{BE2}} + U_z) = \frac{1 + 0.2 + 0.68}{0.2 + 0.68} \times (0.7 + 7)\,\mathrm{V} \approx 16.5\,\mathrm{V}$$

$$U_{\mathrm{omax}} \approx \frac{R_1 + R_P + R_2}{R_2}(U_{\mathrm{BE2}} + U_z) = \frac{1 + 0.2 + 0.68}{0.68} \times (0.7 + 7)\,\mathrm{V} \approx 21.3\,\mathrm{V}$$

故输出电压的调节范围是 16.5~21.3 V。

3. 稳压电源的主要技术指标

技术指标是用来表示稳压电源性能的参数,主要有以下两种:

(1)特性指标

特性指标是表明稳压电源工作特性的参数。例如,允许输入的电压、输出电压及可调范围、输出电流等。

(2)质量指标

质量指标是衡量稳压电源性能优劣的参数。

1)稳压系数 S_r。负载不变时,稳压电路输出电压相对变化量与输入电压相对变化量之比,即

$$S_r = \frac{\Delta U_o / U_o}{\Delta U_i / U_i}$$

它表明稳压电源克服电网电压变化的能力。

2)输出电阻 r_o。输入电压不变时,输出电压变化量与输出电流变化量之比,即

$$r_o = \frac{\Delta U_o}{\Delta I_o}$$

它表明稳压电源克服负载电阻变化的能力。

(3)电压调整率 K_V

额定负载不变时,电网电压变化 10%,输出电压相对变化量,即

$$K_{\mathrm{V}} = \frac{\Delta U_{\mathrm{o}}}{U_{\mathrm{o}}}$$

（4）电流调整率 K_{I}

电网电压不变时,输出电流从零到最大值变化时,输出电压的相对变化量,即

$$K_{\mathrm{I}} = \frac{\Delta U_{\mathrm{o}}'}{U_{\mathrm{o}}}$$

一般常使用稳压系数 S_{r} 和输出电阻 r_{o} 这两个主要指标,其数值越小,电路稳压性能越好。

例:稳压电路的额定输出电压 $U_{\mathrm{o}} = 12$ V,当负载不变时,电网电压波动 ±10%,其输出电压变化量 $\Delta U_{\mathrm{o}} = 45$ mV;若电网电压不变,负载电流由零变到最大值,其输出电压变化量 $\Delta U_{\mathrm{o}}' = 108$ mV。求稳压电源的电压调整率 K_{V} 的电流调整率 K_{I}。

解:1）电压调整率

$$K_{\mathrm{V}} = \frac{\Delta U_{\mathrm{o}}}{U_{\mathrm{o}}} = \frac{45 \times 10^{-3}}{12} \times 100\% \approx 0.38\%$$

2）电流调整率

$$K_{\mathrm{I}} = \frac{\Delta U_{\mathrm{o}}'}{U_{\mathrm{o}}} = \frac{108 \times 10^{-3}}{12} \times 100\% \approx 0.9\%$$

任务实施

1. 电路原理图识读

带有放大环节的串联型稳压电源如图 4-2-4 所示。电路中,输入 50 Hz 的 9 V 交流电,经整流电路整流后得到单向脉动直流电,滤波电路将单向脉动直流电中的脉动成分滤除,送入到稳压电路进行稳压,在负载上将得到稳定的直流电压。根据不同的需要通过调节电压调节旋钮 R_{P1} 可以实现不同的直流电压输出。其中 VT1、VT2 组成复合管为调整元件,VT3 为比较放大管,R_2、VZ 组成基准电路,R_{P1}、R_4、R_5 构成取样电路。

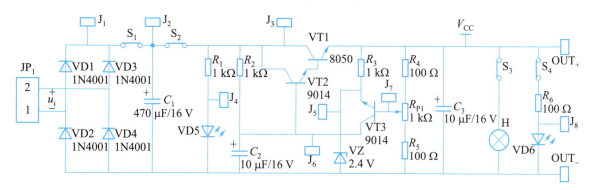

图 4-2-4　带有放大环节的串联型稳压电源

2. 元器件及材料清单

元器件及材料清单见表 4-2-1。

表 4-2-1　元器件及材料清单

序号	名称	型号规格	数量	元器件符号
1	电解电容	470 μF/16 V	1	C_1
2	电解电容	10 μF/16~50 V	2	C_2、C_3
3	单排针	18~20P 单排针	1	J_1~J_8,OUT,S_1~S_4
4	1/4 W 电阻	1 kΩ	3	R_1、R_2、R_3
5	1/4 W 电阻	100 Ω	3	R_4、R_5、R_6
6	9 V 小灯泡	9V 小灯泡	1	R_L
7	6 mm 可调电阻	1 kΩ	1	R_{P1}
8	2P 短路帽	2P 短路帽	4	S_1~S_4
9	整流二极管	1N4001	4	VD1~VD4
10	发光二极管	φ4 mm 红发红	1	VD5
11	稳压二极管	2.4 V/0.5 W	1	VZ
12	F8 发光二极管	φ8 mm 雾白	1	VD6
13	TO92 三极管	8050	1	VT1
14	TO92 三极管	9014	2	VT2、VT3
15	印制电路板	56.4 mm×33.7 mm 单面板	1	

3. 电路装接

1）对照原理图（图 4-2-4）看懂装配图（图 4-2-5），将图上的电路符号与实物对照。

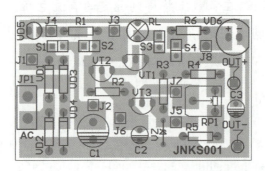

图 4-2-5　带有放大环节的串联型稳压电源电路装配图

2）检查印制电路板看是否有开路、短路、隐患。

3）装接电路。有极性的元器件,在安装时要注意极性,切勿装错。所有元器件尽量贴近线路板安装。

4. 电路测试

1）将 50 Hz、9 V 的交流电压接入装配好的电路 JP₁ 两端。

2）断开 S₁，VD1～VD4 组成_____电路，用示波器观察输入端及 J₁点的波形，并在图 4-2-6 中画出输入输出波形。

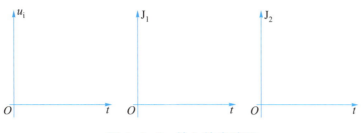

图 4-2-6 输入输出波形

3）闭合 S₁，断开 S₂，VD1～VD4 与 C_1 组成_____电路，用示波器观察 J₂点的波形，并在图 4-2-6 中画出其波形，其波形的幅值为_____V。

4）S₁、S₂ 均闭合，S₃、S₄ 均断开，用示波器观察输出电压 OUT+，在空载情况下，调节 R_{P1}，使输出电压为 6V，并测量电路中的有关参数，将测量数据记入表 4-2-2。

表 4-2-2 测量数据记录表 1

输入端交流电压/V	C_1两端电压/V	VT1		VT2		稳压二极管 VZ 两端电压/V	空载输出电压/V
9 V		U_{be}	U_{ce}	U_{be}	U_{ce}		
三极管偏置电压							

5. 测试负载变化对电路的影响

使输入 9 V 交流电压及输出 6 V（空载）不变，然后按表 4-2-3 改变负载电阻，测量相关数据，并将结果填入表 4-2-3。

表 4-2-3 测量数据记录表 2

R_L	C_1两端电压/V	VT1 U_{ce}/V	VT2 U_{ce}/V	输出电压/V	稳定性能（%）
闭合 S₃					
闭合 S₄					
闭合 S₃、S₄					
断开 S₃、S₄					

稳定性能按照公式"稳定性能=(|输出电压-6|)/6×100%"计算。

课 题 二

集成稳压电源的制作与调试

课题描述

在本课题中,我们要学会识别常见集成稳压电源,会判断集成稳压电源的引脚;能识读常用集成稳压电源的电路原理图,会安装与调试集成稳压电源电路,会测量稳压电源调压范围。

知识目标

1. 了解集成稳压电源的种类、主要参数。
2. 知道集成稳压电源的典型应用。
3. 熟悉集成稳压电源的组成,了解电路的作用及工作原理。

技能目标

1. 会识别常见集成稳压电源的引脚。
2. 会识读常见集成稳压电源原理图。
3. 会安装与调试集成稳压电源电路,会测量调压范围。

任务三　三端固定式集成稳压电源的制作与调试 >>>

知识准备

利用半导体集成工艺,将稳压电源中的调整环节、放大环节、基准环节、取样环节和其他部分附属电路制作在同一块硅片内,形成集成稳压组件,称为集成稳压电源或集成稳压器。它具有使用安全可靠、接线简单、维护方便、价格低廉等优点,因而被广泛应用于各种电子设备中。三端集成稳压电源有三个引脚,分别是输入端、输出端和公共端。按照输出电压是否可调,分为固定式和可调式两种。

1. 三端固定式集成稳压电源的分类

三端固定集成稳压电源的输出电压是固定的,常用的有 CW7800 和 CW7900 系列两种。其中 CW7800 系列输出正电压,常见输出电压有 5 V、6 V、8 V、9 V、12 V、15 V、18 V 和 24 V

等。如 CW7805 表示输出电压为 +5 V。CW7900 系列与 CW7800 系列的区别是输出电压为负值。

2. 三端固定式集成稳压电源外形与引脚排列

CW7800 和 CW7900 系列两种三端固定式集成稳压电源外形、引脚排列与图形符号如图 4-3-1 所示。可以看出，两种集成稳压电源的外形基本相似，但各引脚的功能有所不同，其中 CW7800 系列 1 脚为输入端，2 脚为公共端，3 脚为输出端；而 CW7900 系列 1 脚为公共端，2 脚为输入端，3 脚为输出端。

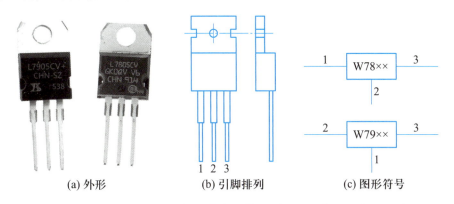

(a) 外形　　　　　　(b) 引脚排列　　　　　(c) 图形符号

图 4-3-1　两种三端固定式集成稳压电源外形、引脚排列与图形符号

3. 三端固定式集成稳压电源典型应用电路

固定输出电压电路如图 4-3-2 所示。

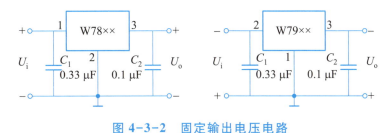

图 4-3-2　固定输出电压电路

三端固定稳压电源的扩展功能还有以下几种。

1) 扩流电路。图 4-3-3 所示为扩流电路，把参数完全一致的两个 CW7800 系列集成稳压电源并联，则它的最大输出电流扩展为原来的两倍。

2) 输出电压可调电路。图 4-3-4 所示为输出电压可调电路，如果稳压电源输出电压为 U_X，即 $U_{BA} = U_X$，而 $U_A = U_o - U_X$，得 $U_o - U_X = \dfrac{R_2}{R_1+R_2}U_o$，则 $U_o = \left(1+\dfrac{R_2}{R_1}\right)U_X$。可见，调节 R_2 的值，即可调节 U_o 的值。

3) 电压极性变换电路如图 4-3-5 所示。如果只有 CW7800 系列稳压电源，需要输出负电压可按图 4-3-5a 方法连接；相反，如果只有 CW7900 系列稳压电源，要输出正电压，则可按图 4-3-5b 方法连接。

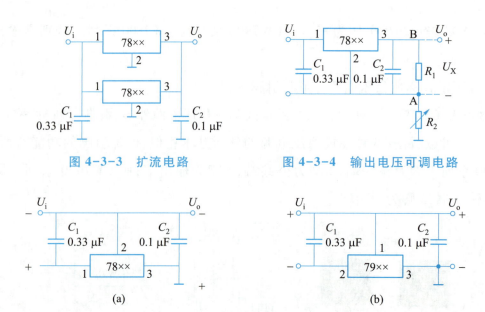

图 4-3-3 扩流电路 图 4-3-4 输出电压可调电路

(a) (b)

图 4-3-5 电压极性变换电路

任务实施

1. 原理图识读

图 4-3-6 所示为三端固定式正负稳压双电源电路,交流电压从 J_1 输入,经过 VD1~VD4 全波整流后,形成脉动直流电压,经开关 S_1、S_2 后由 C_1、C_3 两电容器滤波,形成非稳正输入直流电压,经三端稳压电源 LM7805 形成+5V 稳定电压,此电压经 C_5 二级滤波后从 J_2 输出。负输出稳压电路与正输出稳压电路功能、原理、结构均相同,只是元件极性相反,稳压电源为 LM7905。VD5、VD6 为保护二极管,防止稳压电源过压损坏。

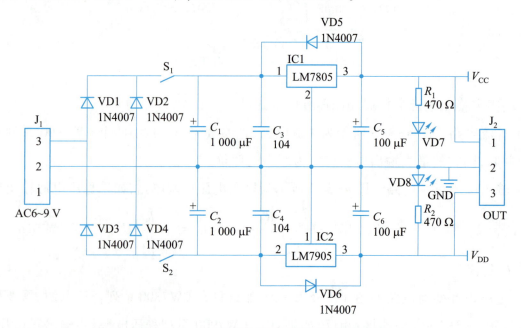

图 4-3-6 三端固定式正负稳压双电源电路

2. 元器件及材料清单

元器件及材料清单见表 4-3-1。

表 4-3-1　元器件及材料清单

序号	元器件名称	型号/规格	数量	元件代号
1	电解电容	1 000 μF/50 V	2	C_1、C_2
2	电容	104	2	C_3、C_4
3	电阻	470 Ω	2	R_1、R_2
4	整流二极管	1N4007	6	VD1、VD6
5	发光二极管		2	VD7、VD8
6	三端集成稳压电源	LM7805 输出 +5V	1	IC1
7	三端集成稳压电源	LM7905 输出 −5V	1	IC2
8	导线		若干	
9	印制电路板	30 mm×45 mm	1	

3. 电路装接

1）对照原理图（图 4-3-6）看懂装配图（图 4-3-7），图上的电路符号与实物对照。

2）检查印制电路板看是否有开路、短路隐患。

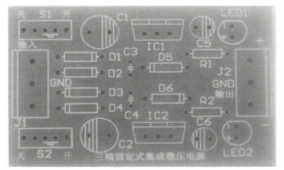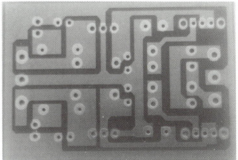

图 4-3-7　三端固定式正负稳压双电源电路装配图

4. 电路调试与测量

（1）调试

检查电路连接是否正确，确保无误后方可开始调试。调试过程中注意安全，防止触电。

（2）测量

把各点电位填在表 4-3-2 中。

表 4-3-2　三端固定式正负稳压双电源电路各点电位

LM7805 各脚电位/V			LM7905 各脚电位/V		
1 脚	2 脚	3 脚	1 脚	2 脚	3 脚

思考：如果无输出电压，试说明原因和解决办法。

任务四　可调式集成稳压电源的制作与调试 >>>

知识准备

三端可调式集成稳压电源是在三端固定式集成稳压电源基础上发展起来的,常见国产型号有 CW317 和 CW337 系列,进口型号有 LM317、LM337。三端可调式集成稳压电源输出电压在 1.25~37 V 范围内连续可调,稳压精度高、价格便宜,被称为二代集成稳压电源。

1. 三端可调式集成稳压电源的引脚排列

如图 4-4-1 所示,三端可调式集成稳压电源常见外形和引脚的编号都和三端固定式稳压电源相同,但引脚功能有区别:

CW317 为三端可调式正电压输出稳压电源,1 脚为调整端,2 脚接输出,3 脚接输入。

CW337 为三端可调式负电压输出稳压电源,1 脚为调整端,2 脚接输入,3 脚接输出。

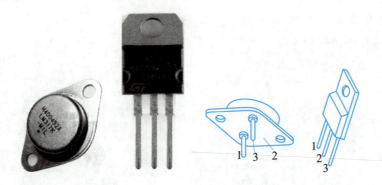

图 4-4-1　三端可调式集成稳压电源常见外形和引脚的编号

2. 典型应用电路

三端可调式集成稳压电源电路如图 4-4-2 所示。

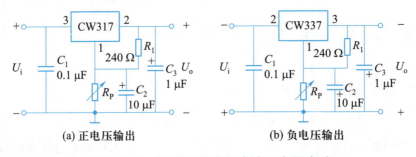

(a) 正电压输出　　　　　　　　(b) 负电压输出

图 4-4-2　三端可调式集成稳压电源电路

R_P 和 R_1 组成取样电阻分压器,在输入端并联电容 C_1 用于旁路输入高频干扰信号,输出端的电容 C_3 用来消除输出电压的波动,并具有消振作用。电容 C_2 可消除 R_P 上的纹波电压,使取样电压稳定。

其输出电压可用下式计算

$$U_o = 1.25\left(1+\frac{R_P}{R_1}\right)$$

式中,1.25V 是 CW317 的内部基准电压,改变 R_P 的阻值就可以改变输出电压的大小。

任务实施

1. 电路原理图识读

可调式集成稳压电源电路如图 4-4-3 所示。

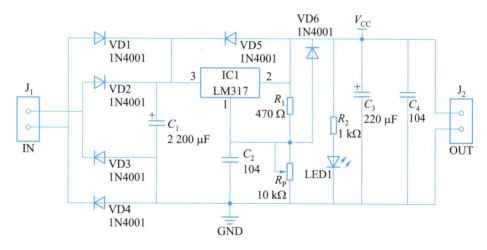

图 4-4-3　可调式集成稳压电源电路

输入 50 Hz 的 9 V 交流电,经整流电路整流后得到单向脉动直流电,滤波电路将单向脉动直流电中的脉动成分滤除,送到稳压电路进行稳压,在负载上将得到稳定的直流电压。根据不同的需要通过调节电位器 R_P 上的电压调节旋钮,可以实现不同的直流电压输出。

J_1 输入的非稳交流电压经 VD1~VD4 整流,C_1 滤波后作为 LM317 的输入电压,经 LM317 可调稳压后从 J_2 输出稳定直流电压,C_3、C_4 为输出滤波电容,R_2 和 LED1 组成指示灯电路,VD5、VD6 为保护稳压集成电路而设置,C_2 起抗干扰作用,R_1、R_P 组成调压电路,其输出电压 $U_o = 1.25\left(1+\dfrac{R_P}{R_1}\right)$ V。

2. 元器件及材料清单

元器件及材料清单见表 4-4-1。

表 4-4-1　元器件及材料清单表

序号	名称	型号规格	数量	元器件符号
1	电解电容	2 200 μF/25 V	1	C_1
2	瓷片电容	104	2	C_2、C_4

续表

序号	名称	型号规格	数量	元器件符号
3	电解电容	220 μF/25 V	1	C_3
4	二极管	1N4001	6	VD1～VD6
5	稳压集成电路	LM317	1	IC1
6	白色带脚散热器	25 mm	1	
7	散热器螺钉		1	
8	接线端子	301-2P	2	J_1、J_2
9	发光二极管	φ5 mm 暖白	1	LED1
10	1/4W 散装电阻	470 Ω	1	R_1
11	1/4W 散装电阻	1 kΩ	1	R_2
12	09 型立式电位器	10 kΩ	1	R_P
13	旋钮	半轴专用	1	
14	印制电路板	54 mm×32 mm 单锡板	1	专用电路板

3. 电路装接

对照原理图（图 4-4-3），看懂装配图（图 4-4-4），将图上的电路符号与实物对照。根据原理图和装配图进行焊接装配。

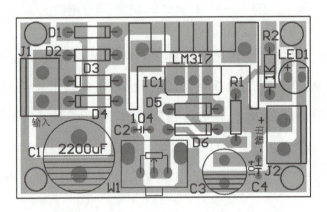

图 4-4-4 可调式集成稳压电源电路装配图

4. 电路调试与测试

1）装接完毕，检查无误后，将交流调压器的输出电压调整为 9 V（或接入 9 V 交流变压器），接入装配好的电路 J_1 两端。

2）VD1～VD4 组成_____电路，用示波器观察输入端及 VD2 两端的波形 u_i、u_{VD2}，并在图 4-4-5a、b 中画出 u_i、u_{VD2} 波形。

3）电容器 C_1 的作用是_____，用示波器观察 C_1 两端的波形 u_{C1}，并在图 4-4-5c

中画出其波形, u_{C1} 的幅值为_____V。

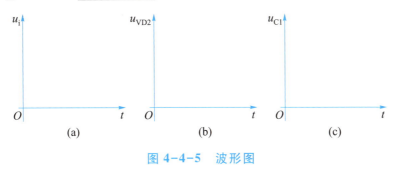

图 4-4-5 波形图

4）用万用表测量输出电压 V_{CC} ,调节 R_P 使输出电压为 6 V,并测量电路中的有关参数,将测量数据记入表 4-4-2。

表 4-4-2 数 据 记 录

调节 R_P	IC1 1脚电压/V	IC1 2脚电压/V	IC1 3脚电压/V	R_1 两端电压/V
R_P 逆时针旋到底				
R_P 调到 LED1 刚好发光				
输出电压 10V				

5）实验结果分析。结合电路原理图,从上表的数据可以看出,调节 R_P 实际是改变 LM317_____。

知识拓展

开关型稳压电源

开关型稳压电源具有功耗小、效率高、体积小、重量轻等特点,在中、大功率的稳压供电设备上得到了广泛的应用。开关型稳压电源按开关信号产生的方式分为自激式稳压电源和他激式稳压电源;按开关电路与负载的连接方式分为串联型和并联型;按控制方式分为脉宽调制（PWM）式和脉频调制（PFM）式。目前,通常采用的是自激式脉宽调制开关型稳压电源。

1. 开关型稳压电源结构

开关型稳压电源由开关调整管、滤波器、比较放大、基准电压、取样和脉宽调制器等环节组成,如图 4-4-6 所示。

交流电压经整流滤波后,变成含有一定脉动成分的直流电压,该电压进入开关调整管被转换成所需电压值的方波,再将这个方波电压经整流滤波变为所需要的直流电压。开关调整管是一个由脉冲控制的电子开关。如图 4-4-7 所示,开关的开通时间 t_{on} 与开关周期 T 之

比称为脉冲电压 u_S 的占空比,输出平均电压的大小是与占空比成正比的。

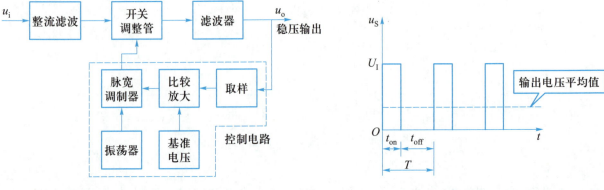

图 4-4-6   开关型稳压电源的结构   图 4-4-7   开关型稳压电源脉冲电压波形

2. 开关型稳压电源的组成及原理

1) 脉宽调制开关型稳压电源的电路如图 4-4-8 所示,三极管 VT 为开关调整管,R 和 VZ 组成基准电压电路,作为调整、比较的标准,可变电阻 R_P 对输出电压 U_L 取样,L、C 和续流二极管 VD 组成滤波器。

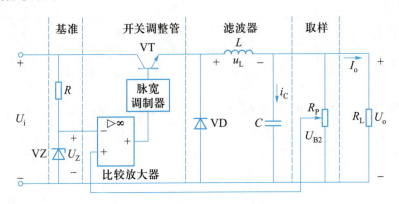

图 4-4-8   脉宽调制开关型稳压电源电路

2) 开关型稳压电源稳压原理

当输入电压 U_i 或负载 R_L 发生变化时,若引起输出电压 U_L 上升,导致取样电压 U_{B2} 增加,则比较放大电路输出电压下降,控制脉宽调制器的输出信号的脉宽变窄,开关调整管的导通时间减小,经滤波器滤波后使输出直流电压 U_L 下降。通过上述调整过程,使输出电压 U_L 基本保持不变。

开关型稳压电源的稳压过程:

输出直流电压 U_L↑ ——→ 取样电压 U_{B2}↑ ——→ 脉宽调制器输出信号的脉宽↓

输出直流电压 U_L↓ ←—— 开关调整管的导通时间↓

3. 开关型稳压电源的特点

开关型稳压电源通常直接对 220 V、50 Hz 的交流电进行整流,不需要工频电源变压器。

开关型稳压电源是通过调整脉冲的宽度(占空比)来保持输出电压 U_L 的稳定,开关型稳压电源中的开关管工作频率为几十千赫,产生的脉冲频率较高,滤波电容器、电感器数值较小。因此,开关型稳压电源具有重量轻、体积小、电源效率高(可达80%)等特点。开关型稳压电源功耗小,机内温升低,提高了整机的稳定性和可靠性。另外,开关型稳压电源对电网的适应能力也有较大的提高,一般线性稳压电源允许电网波动范围为 220 V×(1±10%),而开关型稳压电源对于电网电压在 110~260 V 范围变化时,都可获得稳定的输出电压。

思考与练习

一、判断题

1. 稳压二极管的动态电阻越大,说明其反向特性曲线越陡,稳压性能越好。( )

2. 稳压电源的输出电压只与稳压电路有关,不受输入电压的限制。( )

3. 由于稳压电源具有稳定直流电压的作用,因此,无论电网电压如何变化,其输出的直流电压都保持恒定。( )

4. 并联型稳压电源的输出电流任意变化时,稳压二极管都能起到很好的稳压作用。( )

5. 串联型稳压电源中的电压调整管相当于一只可变电阻。( )

6. 集成稳压电源输出的直流电压是不可调节的。( )

7. CW7800 系列集成稳压电源为固定的正电压输出。( )

8. CW7912 集成稳压电源输出电压是+12 V。( )

9. 三端式集成稳压电源根据输出电压是否可调,可分为固定式和可调式两种。( )

10. 开关型稳压电源的特点是它的稳压调整管交替工作在截止状态或饱和导通状态,即开关状态。( )

二、填空题

1. 直流稳压电源是一种当交流电网电压发生变化时,或_____变动时,能保持_____电压基本稳定的直流电源。

2. 直流稳压电源的功能是_____,直流稳压电源主要由_____、_____、_____和_____四部分组成。

3. 稳压二极管组成的稳压电源的优点是_____,缺点是_____。

4. 带有放大环节的串联型稳压电源,一般由_____、_____、_____、_____四部分组成。

5. 集成稳压电源按输出电压是否可调可分为_____和_____两大类;按输出电压的极性可分为_____和_____两大类。

6. 集成稳压电源CW7805的三个引脚的功能:1脚为_____,2脚为_____,

3 脚为_____。

三、选择题

1. 利用二极管反向击穿时两端电压保持稳定的特性来稳定电路两点电压的二极管称为_____。

  A. 整流二极管　　　　B. 稳压二极管　　　　C. 光电二极管　　　　D. 变容二极管

2. 直流稳压电源中采取稳压措施是为了_____。

  A. 消除输出电压中的交流分量　　　　B. 将交流电变成直流电

  C. 改变交流电电压　　　　D. 使输出电压基本保持不变

3. 一般来说,带有放大环节的串联稳压电源属于_____。

  A. 负反馈,自动调整电路　　　　B. 负反馈电路

  C. 交流放大电路　　　　D. 直流放大电路

4. 串联型稳压电源中的比较放大电路是将_____进行比较。

  A. 输入电压与输出电压　　　　B. 输入电压与基准电压

  C. 输出电压与基准电压　　　　D. 取样电压与基准电压

5. 下列所述中,属于串联型稳压电路的特点的是_____。

  A. 调试方便　　　　B. 输出电压不可调

  C. 输出电流小　　　　D. 输出电压稳定度高且可调节

6. CW7812 集成稳压电源应用电路如题图 4-1 所示,该电路的输出电压 U_o 为_____。

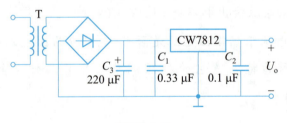

题图 4-1

  A. +12 V　　　　B. -12 V　　　　C. 24 V　　　　D. 6 V

四、问答与计算题

1. 电路如题图 4-2 所示,已知 $U_Z = 6$ V, $I_{Zmin} = 5$ mA, $U_i = 12$ V, $R = 100$ Ω,求在稳定条件下, I_L 不应超过多少?

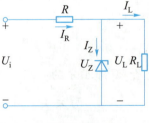

题图 4-2

2. 电路如题图 4-3 所示,试合理连线,构成 5V 的直流电源。

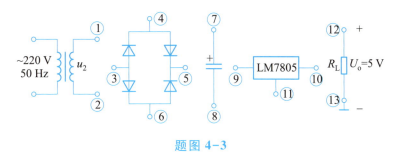

题图 4-3

3. 在题图 4-4 所示电路中,已知 LM7805 的输出电压为 5 V,$R_1 = R_2 = 200 \ \Omega$,试求输出电压 u_o 的调节范围。

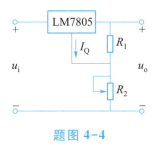

题图 4-4

组合逻辑电路的制作与调试

学习目标

1. 理解模拟信号与数字信号的区别。

2. 掌握基本逻辑门、复合逻辑门的逻辑功能和图形符号,会使用真值表。

3. 了解 TTL、CMOS 门电路的型号、引脚功能,会测试其逻辑功能。

4. 了解集成门电路的外形与封装,能合理使用集成门电路。

5. 会进行二进制数、十进制数和十六进制数的相互转换。

6. 了解 8421BCD 码的表示形式。

7. 会用逻辑代数基本公式化简逻辑代数,了解其在工程应用中的实际意义。

8. 会分析简单逻辑电路的逻辑功能。

9. 会设计和安装简单组合逻辑电路,实现逻辑功能。

10. 了解二进制编码器、二-十进制编码器的基本功能。

11. 了解优先编码器的工作特点,会使用典型集成编码器。

12. 了解常用数码管的基本结构,会使用典型译码显示器。

课题一

简单组合门电路的制作与调试

课题描述

在本课题中,我们要学会识别常用集成组合逻辑门电路芯片的型号、外形及引脚,会测试常用组合逻辑门电路的逻辑功能,会分析简单组合逻辑电路的逻辑功能,能根据要求设计和安装简单组合门逻辑电路。

知识目标

1. 理解模拟信号与数字信号的区别。
2. 了解 TTL、CMOS 门电路的型号、引脚功能。
3. 掌握基本逻辑门、复合逻辑门的逻辑功能和图形符号,会使用真值表。
4. 会进行二进制数、十进制数和十六进制数的相互转换。
5. 会用逻辑代数基本公式化简逻辑代数,了解其在工程应用中的实际意义。

技能目标

1. 会测试常用组合门电路的逻辑功能。
2. 会识别常见集成门电路的外形与封装,能合理使用集成门电路。
3. 会分析简单逻辑电路的逻辑功能。
4. 会设计和安装简单组合逻辑电路,实现逻辑功能。

任务一　逻辑门电路的识别与检测 >>>

知识准备

1. 数字信号与数字电路

在电子技术中,电信号分为模拟信号和数字信号两大类,其中模拟信号是指幅值随时间连续变化的电信号,如正弦波信号就是模拟信号,它的电压与电流随时间变化关系为正弦波的连续变化曲线,如图 5-1-1a 所示。用来处理模拟信号的电路就是模拟电路,如前面几个单元学习的三极管放大电路、集成运放电路、振荡电路等。数字信号是指电压或电流在时间和数值上都是离散、不连续的信号,如图 5-1-1b 所示,表现为一种跃变的电压或电流,且持续时间极为短暂。这种跃变的电压或电流,通常表现为两种对立的状态:高电平、低电平或有脉冲、无脉冲。因此,可以将数字电路中传输的脉冲信号用两个最简单的数字"1"和"0"来表示。可以选用"1"表示"高电平","0"表示"低电平",也可以选用"1"表示"低电平","0"表示"高电平"。

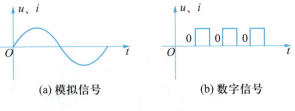

(a) 模拟信号   (b) 数字信号

图 5-1-1   模拟信号与数字信号

用于处理数字信号的电路称为数字电路。数字电路在结构上与模拟电路一样,都是由二极管、三极管、集成电路等元器件组成。与模拟电路相比,数字电路有如下优点:

1)抗干扰能力较强。它主要进行数字信号的处理(即信号以 0 与 1 两个状态表示),电源电压小的波动对其没有影响,温度和工艺偏差对其工作的可靠性影响也比模拟电路小得多。

2)集成度高,体积小,功耗低。随着集成电路技术的高速发展,数字逻辑电路的集成度越来越高,电路功能越来越强,应用也更加广泛。

3)数据处理能力强。数字电路能完成数值运算,进行逻辑运算和判断,对信号进行保存、传输和再现等。

2. 基本逻辑门电路

门电路是用于实现各种基本逻辑关系的电子电路,它是组成其他功能数字电路的基础。在数字电路中往往用输入信号表示"条件",用输出信号表示"结果",而条件与结果之间的因果关系称为逻辑关系,能实现某种逻辑关系的数字电路称为逻辑门电路。基本的逻辑关系有:与逻辑、或逻辑、非逻辑,与之相应的基本逻辑门电路有与门、或门、非门。

在数字电路中,通常用电位的高、低去控制门电路,输入与输出信号只有两种状态,即高电平状态和低电平状态。如果规定用"1"表示高电平状态,用"0"表示低电平状态,则称为正逻辑,反之为负逻辑。在本书中若无特殊说明均采用正逻辑。

(1)与门电路

当决定某一事件的所有条件都具备时,该事件才会发生,这种因果关系称为与逻辑关系。如图 5-1-2 所示,开关 A 和 B 串联,只有当 A 与 B 同时接通时(条件),电灯 Y 才亮(结果)。这两个串联开关所组成的就是一个与门电路,可看出逻辑变量 A、B 的取值和函数 Y 值之间的关系满足逻辑乘运算规律,可用下式表示:

$$Y=A \cdot B \qquad 或 \qquad Y=A \times B$$

式中的"·"表示逻辑乘,又称与运算。在不需要特别强调的地方常将"·"号省掉,写成 $Y=AB$。对于多变量的逻辑乘可写成:

$$Y=A \cdot B \cdot C \cdot \cdots$$

除了用逻辑函数表达式表示外,还可以用真值表表示,即将全部可能的输入组合及其对应的输出值用表格表示,与逻辑真值表见表5-1-1。

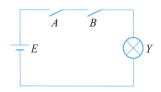

图 5-1-2　与逻辑关系

表 5-1-1　与逻辑真值表

输入		输出
A	B	Y
0	0	0
0	1	0
1	0	0
1	1	1

与逻辑可归纳为:"有0出0,全1出1",即决定某个事件的各个条件全部具备时,该事件才会发生。

实现与运算的电路称为与门电路,简称与门。门电路可以用二极管、三极管、MOS管等分立元器件组成,也可以由集成电路组成。图 5-1-3 所示是由二极管组成的与门电路,图中 A、B 为输入信号,Y 为输出信号,根据二极管导通与截止条件,若输入全为高电平,二极管 VD1、VD2 都导通,则输出端为高电平;若输入端有低电平,则二极管正偏而导通,输出端电压为低电平。图 5-1-4 所示为与门电路的图形符号。

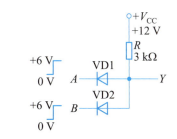

图 5-1-3　二极管组成的与门电路

图 5-1-4　与门电路图形符号

（2）或门电路

当决定某一事件的几个条件中,只要有一个或者几个条件具备,该事件就会发生,这种因果关系称为或逻辑关系。如图 5-1-5 所示,控制电灯 Y 的两个开关 A、B 任意一个闭合时,电灯亮;只有两个开关都断开时,电灯才不亮。这两个并联开关所组成的就是一个或门

电路,可看出逻辑变量 A、B 的取值和函数 Y 值之间的关系满足逻辑加运算规律,可用下式表示:

$$Y=A+B$$

式中的"+"表示逻辑加,又称或运算。对于多变量的逻辑加可写成:

$$Y=A+B+C+\cdots$$

或逻辑真值表见表 5-1-2。

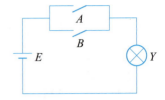

图 5-1-5　或逻辑关系

表 5-1-2　或逻辑真值表

输入		输出
A	B	Y
0	0	0
0	1	1
1	0	1
1	1	1

或逻辑可归纳为:"有 1 出 1,全 0 出 0",即决定某个事件的各个条件中,只要具备一个及以上时,该事件就会发生。

能实现或逻辑功能的电路称为或门电路,简称或门。图 5-1-6 所示是由二极管组成的或门电路,图中 A、B 为输入信号,Y 为输出信号。根据二极管导通与截止条件,只要输入有一个为高电平,则与该输入端相连的二极管导通,输出端电压就为高电平。图 5-1-7 所示为或门电路的图形符号。

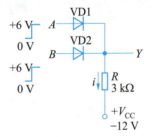

图 5-1-6　由二极管组成的或门电路

图 5-1-7　或门电路图形符号

（3）非门电路

互相否定的因果关系称为非逻辑关系。如图 5-1-8 所示,当开关 A 闭合时,电灯 Y 不亮;当开关 A 断开,电灯 Y 亮。这样开关 A 与电灯 Y 之间总是呈相反状态的因果关系就是非逻辑关系,可用下式表示:

$$Y=\overline{A}$$

非逻辑真值表见表 5-1-3。

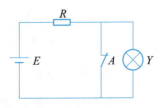

图 5-1-8　非逻辑关系

表 5-1-3 非逻辑真值表

输入	输出
A	Y
0	1
1	0

非逻辑可归纳为:"有 0 出 1,有 1 出 0",即决定某个事件的条件和结果互相否定。

能实现非逻辑功能的电路称为非门电路,简称非门。图 5-1-9 所示是由二极管组成的非门电路,图中 A 为输入信号,Y 为输出信号。只要输入有一个为高电平,则三极管饱和导通,输出端电压就为低电平;反之,当输入端为低电平时,三极管截止,则输出电压为高电平。图 5-1-10 所示为非门电路的图形符号。

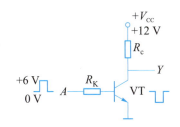

图 5-1-9 由二极管组成的非门电路

图 5-1-10 非门电路的图形符号

3. 复合逻辑门电路

以上介绍的三种门电路是最基本的逻辑门电路,将这些门电路适当组合,就能构成多种复合逻辑门电路。

（1）与非门电路

与非逻辑是与逻辑和非逻辑的复合。实现与非逻辑功能的电路称为与非门电路,简称与非门,其逻辑结构与图形符号如图 5-1-11 所示。与非逻辑的真值表见表 5-1-4,与非逻辑的功能是对与逻辑的否定,可用下式表示:

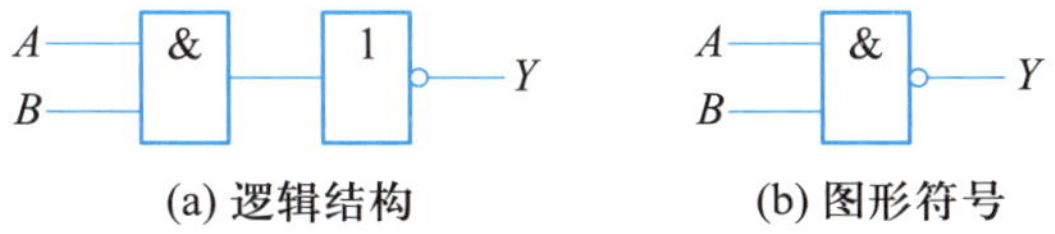

(a) 逻辑结构   (b) 图形符号

图 5-1-11 与非门逻辑结构与图形符号

$$Y = \overline{A \cdot B}$$

表 5-1-4 与非逻辑的真值表

输入		输出
A	B	Y
0	0	1
0	1	1
1	0	1
1	1	0

与非逻辑可归纳为:"有 0 出 1,全 1 出 0"。

（2）或非门电路

或非逻辑是或逻辑和非逻辑的复合。实现或非逻辑功能的电路称为或非门电路,简称或非门,其逻辑结构与图形符号如图 5-1-12 所示。或非逻辑的真值表见表 5-1-5,或非逻辑的功能是对或逻辑的否定,可用下式表示:

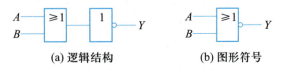

(a) 逻辑结构　　　(b) 图形符号

图 5-1-12　或非门逻辑结构与图形符号

$$Y=\overline{A+B}$$

表 5-1-5　或非逻辑的真值表

输入		输出
A	B	Y
0	0	1
0	1	0
1	0	0
1	1	0

或非逻辑可归纳为:"有 1 出 0,全 0 出 1"。

（3）与或非门电路

与或非门由两个或多个"与"门和一个"或"门,再加一个"非"门串联而成。其逻辑结构与图形符号如图 5-1-13 所示,其真值表见表 5-1-6,与或非逻辑可用下式表示:

$$Y=\overline{AB+CD}$$

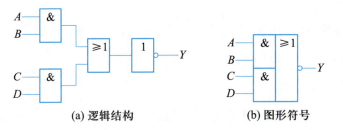

(a) 逻辑结构　　　(b) 图形符号

图 5-1-13　与或非门逻辑结构与图形符号

表 5-1-6　与或非逻辑真值表

输入				输出
A	B	C	D	Y
0	0	0	0	1
0	0	0	1	1
0	0	1	0	1
0	0	1	1	0

续表

输入				输出
A	B	C	D	Y
0	1	0	0	1
0	1	0	1	1
0	1	1	0	1
0	1	1	1	0
1	0	0	0	1
1	0	0	1	1
1	0	1	0	1
1	0	1	1	0
1	1	0	0	0
1	1	0	1	0
1	1	1	0	0
1	1	1	1	0

与或非门电路逻辑功能是:当输入端任何一组全为 1 时,输出即为 0;输入端各组至少有一个为 0 时,输出才是 1。

（4）异或门电路

异或门逻辑结构与图形符号如图 5-1-14 所示,其真值表见表 5-1-7,异或逻辑可用下式表示:

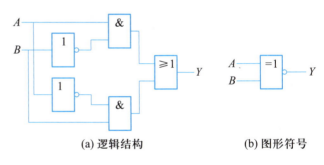

(a) 逻辑结构　　　　(b) 图形符号

图 5-1-14　异或门逻辑结构与图形符号

$$Y = \overline{A}B + A\overline{B}$$

表 5-1-7　异或逻辑真值表

输入		输出
A	B	Y
0	0	0
0	1	1
1	0	1
1	1	0

异或门电路逻辑功能是:当两个输入端的状态相同（都为 0 或都为 1）时输出为 0;反之,当两个输入端状态不同（一个为 0,另一个为 1）时,输出为 1。

4. 集成逻辑门电路

集成逻辑门电路(简称集成门电路)是把构成门电路的元器件和连线制作在一块半导体芯片上,再封装起来而构成的。按内部所采用的元器件不同,可分为 TTL 和 CMOS 集成逻辑门电路两大类。

（1）TTL 集成逻辑门电路

集成逻辑门电路内部的输入、输出级都采用三极管,则这种集成电路称为三极管-三极管逻辑门电路,简称为 TTL 集成逻辑门电路。

TTL 集成逻辑门电路产品型号较多,主要有 74(标准中速)、74H(高速)、745(超高速肖特基)、74LS(低功耗肖特基)和 74AS(先进的肖特基)等系列,74LS 系列为常用的产品。TTL 集成逻辑门电路通常采用双列直插式外形封装,图 5-1-15 所示为 TTL 与非门集成电路 74LS00。

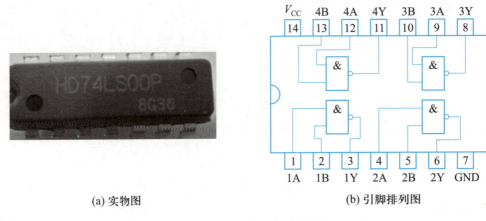

(a) 实物图 　　　　　　　(b) 引脚排列图

图 5-1-15　TTL 与非门集成电路 74LS00

（2）CMOS 集成逻辑门电路

CMOS 集成逻辑门电路由场效应晶体管组成,CMOS 集成逻辑门电路系列较多,主要有4000(普通)、74HC(高速)、74HCT(与 TTL 兼容)等产品系列,外形封装与 TTL 集成逻辑门电路相同。图 5-1-16 所示为 CMOS 与非门集成电路 CD4011。

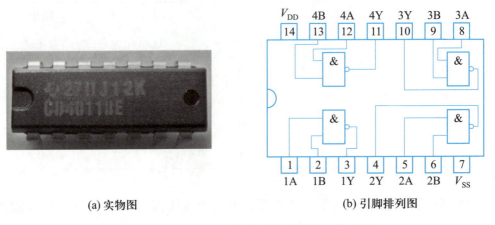

(a) 实物图 　　　　　　　(b) 引脚排列图

图 5-1-16　CMOS 与非门集成电路 CD4011

任务实施

1. 与门电路 CT74LS08 的识别与测试

1) CT74LS08 引脚识别。观察与门电路 CT74LS08 外形,注意引脚编号顺序。

根据图 5-1-17 所示的 CT74LS08 引脚排列图,找出集成逻辑门电路的电源输入端和接地端,正确区分 4 个与门的输入、输出端。

2) CT74LS08 逻辑功能测试。按图 5-1-18 连接电路,其中电源电压为 +5 V。实验时选择用其中任意一个与门测试 TTL 与门的逻辑功能。与门的输入端 A、B 分别接到两个逻辑开关上,输出端 Y 的电平用万用表进行测量。

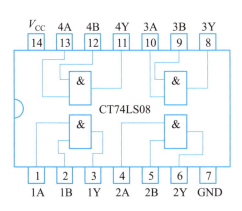

图 5-1-17　CT74LS08 引脚排列图

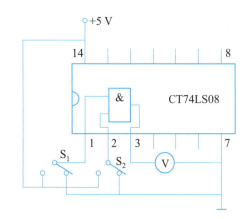

图 5-1-18　与门逻辑功能测试接线图

开关 S_1、S_2 的电平位置分别按表 5-1-8 所列要求设置,并将每次输出端的测试结果记录在表 5-1-8 中。

表 5-1-8　2 输入端与逻辑关系

S_1	S_2	输出		代入 $Y=A \cdot B$	是否符合与逻辑关系
		电平/V	逻辑 0 或逻辑 1		
0	0				
0	1				
1	0				
1	1				

分析表 5-1-8 的输入、输出之间的逻辑关系,与门电路的逻辑功能可以概括为_____

_____。

2. 或门电路 CT74LS32 的识别与测试

1) CT74LS32 引脚识别。观察或门电路 CT74LS32 外形,注意引脚编号顺序。

根据图 5-1-19 所示的 CT74LS32 引脚排列图,找出集成逻辑门电路的电源输入端和接地端,正确区分 4 个或门的输入、输出端。

2)CT74LS32 逻辑功能测试。按图 5-1-20 连接电路,其中电源电压为 +5 V。实验时选择用其中任意一个或门测试 TTL 或门的逻辑功能。或门的输入端 A、B 分别接到两个逻辑开关上,输出端 Y 的电平用万用表进行测量。

图 5-1-19　CT74LS32 引脚排列图

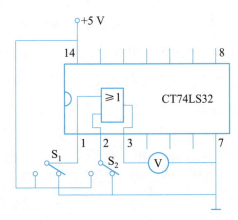

图 5-1-20　或门逻辑功能测试接线图

开关 S_1、S_2 的电平位置分别按表 5-1-9 所列要求设置,并将每次输出端的测试结果记录在表 5-1-9 中。

表 5-1-9　2 输入端或逻辑关系

S_1	S_2	输出		代入 $Y=A+B$	是否符合与逻辑关系
		电平/V	逻辑 0 或逻辑 1		
0	0				
0	1				
1	0				
1	1				

分析表 5-1-9 的输入、输出之间的逻辑关系,或门电路的逻辑功能可以概括为_____
_____。

3. 非门电路 CT74LS04 的识别与测试

1)CT74LS04 引脚识别。观察非门电路 CT74LS04 外形,注意引脚编号顺序。

根据图 5-1-21 所示的 CT74LS04 引脚排列图,找出集成逻辑门电路的电源输入端和接地端,正确区分 6 个非门的输入、输出端。

2)CT74LS04 逻辑功能测试。按图 5-1-22 连接电路,其中电源电压为 +5 V。实验时使用其中一个非门测试 TTL 非门的逻辑功能。非门的输入端 A 接到一个逻辑开关上,输出端 Y 的电平用万用表进行测量。

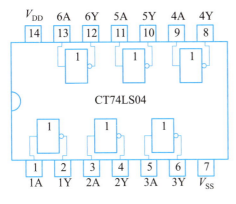

图 5-1-21　CT74LS04 引脚排列图

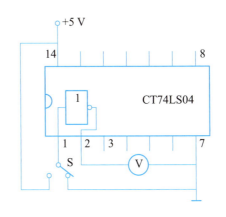

图 5-1-22　非门逻辑功能测试接线图

开关 S 的电平位置按表 5-1-10 所列要求设置,并将每次输出端的测试结果记录在表中。

表 5-1-10　非逻辑关系

| S | 输出 | | 代入 $Y=\bar{A}$ | 是否符合与逻辑关系 |
	电平/V	逻辑 0 或逻辑 1		
0				
1				

分析表 5-1-10 的输入、输出之间的逻辑关系,非门电路的逻辑功能可以概括为 _____

_____。

任务二　三人表决器的制作与调试 >>>

▌**知识准备**

1. 数制

数制就是计数的方法。人们在长期的生产实践中,发明和积累了多种不同的计数方法,如现在广泛使用的十进制,即在计数时"逢十进一",钟表计时则采用六十进制,而在数字系统中常用的数制还有二进制、八进制和十六进制等。

(1) 十进制

十进制就是基数为 10 的进位计数制,计数规律是:低位向其相邻高位"逢十进一,借一为十"。也就是说,每位数累计不能超过 10,计满 10 就应向高位进 1;而从高位借来的 1,就相当于低位数 10。采用 0、1、2、3、4、5、6、7、8、9 十个数码符号,这样的若干个数码符号并列在一起即可表示一个十进制数。

例如，十进制数 $2\,745.214 = 2\times10^3 + 7\times10^2 + 4\times10^1 + 5\times10^0 + 2\times10^{-1} + 1\times10^{-2} + 4\times10^{-3}$。

由此可以看出，处于不同位置的数字符号代表着不同的意义，称之为有不同的"权"值。式中 10^2、10^1、10^0、10^{-1}、10^{-2} 是各位数码的"位权"。

（2）二进制

在数字系统中，十进制不便于实现。例如，很难设计一个电子器件，使其具有 10 个不同的电平（每一个电压值对应于 0~9 中的一个数字）。相反，设计一个具有两个工作电平状态的电子电路却很容易。而二进制数就可以表示两个状态，所以容易实现。这就是二进制在数字系统中得到广泛应用的根本原因。

所谓二进制，就是基数为 2 的进位计数制，它只有 0 和 1 两个数码符号。二进制数一般用下标 2 表示，如 $(101)_2$。

二进制数与十进制数表示类似。每一个二进制数都具有特定的数值，它是用 2 的幂表示的权，为了求得与二进制数对应得十进制数，可把二进制各位数字（0 或 1）乘以位权并相加，例如：

$$(1011.101)_2 = 1\times2^3 + 0\times2^2 + 1\times2^1 + 1\times2^0 + 1\times2^{-1} + 0\times2^{-2} + 1\times2^{-3}$$
$$= 8 + 0 + 2 + 1 + 0.5 + 0 + 0.125$$
$$= (11.625)_{10}$$

在二进制中，仅有 0 和 1 两个数码符号，即使如此，二进制同样可用来表示十进制或其他进制所能表示的任何数。

二进制的计数规则是：低位向相邻高位"逢二进一，借一为二"。二进制的四则运算规则很简单，下面介绍二进制数的加、减运算。

1）二进制加法。二进制的加法运算有如下规则：

$0+0=0$

$0+1=1$

$1+0=1$

$1+1=10$（"逢二进一"）

例：求 $(1010)_2 + (111)_2$。

解：列出加法算式如下：

$$
\begin{array}{r}
1010 \\
+\quad 111 \\
\hline
10001
\end{array}
$$

即 $(1010)_2 + (111)_2 = (10001)_2$

2）二进制减法。二进制的减法运算有如下规则：

$0-0=0$

$1-0=1$

$1-1=0$

$10-1=1$　（"借一当二"）

例：求 $(1011)_2-(101)_2$。

解：列出减法算式如下：

$$
\begin{array}{r}
1011 \\
-\quad 101 \\
\hline
110
\end{array}
$$

即 $(1011)_2-(101)_2=(110)_2$

（3）十六进制

十六进制的基数是 16，它有 0、1、2、3、4、5、6、7、8、9、A、B、C、D、E、F 共十六个有效数码符号。表 5-2-1 列出了十六进制数及其对应的十进制数。

十六进制的计数规则是：低位向相邻高位"逢十六进一，借一为十六"。

表 5-2-1　十六进制数及其对应的十进制数

十六进制数	0	1	2	3	4	5	6	7	8	9	A	B	C	D	E	F
十进制数	0	1	2	3	4	5	6	7	8	9	10	11	12	13	14	15

2. 不同数制的转换

（1）十六进制数和二进制数之间的相互转换

十六进制一位数码符号能表示的最大十进制数是 15，二进制需要 4 位数来表示 15。因此，每个十六进制位需要 4 位二进制数来表示，参见表 5-2-2。

表 5-2-2　十六进制数对应的二进制数

十六进制数	0	1	2	3	4	5	6	7	8	9
二进制数	0000	0001	0010	0011	0100	0101	0110	0111	1000	1001
十六进制数	A	B	C	D	E	F				
二进制数	1010	1011	1100	1101	1110	1111				

1）将二进制数转换为十六进制数。将二进制数转换为十六进制数的方法是：将整数部分自右往左开始，每 4 位分成一组，最后剩余不足 4 位时在左边补 0；小数部分自左往右，每 4 位一组，最后剩余不足 4 位时在右边补 0；然后用等价的十六进制数替换每组数。

例：将二进制数 $(1101100001001111)_2$ 转换为十六进制数。

解：先将二进制数整数部分和小数部分分别按 4 位进行分组，然后使用表 5-2-2 确定对应的十六进制数替换。转换过程如下：

补足4位
↓
$\underbrace{0011}$ $\underbrace{1011}$ $\underbrace{0000}$ $\underbrace{0100}$ $\underbrace{1111}$ 二进制数
3   B   0   4   F   十六进制数

所得结果为：$(11101100000101111)_2 = (3B04F)_{16}$

2）将十六进制数转换为二进制数。十六进制数到二进制数的转换方法是：对每位十六进制数，将其展开成对应的 4 位二进制数即可。

例：将十六进制数 $(942A)_{16}$ 转换为二进制数。

解：对每个十六进制位，按照表 5-2-2 写出对应的 4 位二进制数。转换过程如下：

9   4   2   A   十六进制数
$\underbrace{1001}$ $\underbrace{0100}$ $\underbrace{0010}$ $\underbrace{1010}$ 二进制数

所得结果为：$(942A)_{16} = (1001010000101010)_2$

（2）十进制数与二进制数的相互转换

1）将二进制数转换为十进制数。将二进制数转换成十进制数，采用按权展开相加法，简称为"乘权相加法"。具体步骤是：首先把二进制数写成按权展开的多项式，然后按十进制数的计数规则求其和。

例：将二进制数 $(101011.101)_2$ 转换成十进制数。

解：将二进制数用多项式写出，并按十进制的运算规则算出相应的十进制数，即

$$(101011.101)_2 = 1×2^5 + 0×2^4 + 1×2^3 + 0×2^2 + 1×2^1 + 1×2^0 + 1×2^{-1} + 0×2^{-2} + 1×2^{-3}$$

$$= 32 + 0 + 8 + 0 + 2 + 1 + 0.5 + 0.125$$

$$= (43.626)_{10}$$

2）将十进制数转换为二进制数。将十进制数逐次用 2 除，并依次记下余数，直到商为零，然后把全部余数按相反的次序排列起来，即为相应的二进制数，这种方法称为"除 2 取余数倒记法"。

例：将 $(37)_{10}$ 转换成等值二进制数。

解：具体的步骤如下：

$$37÷2 = 18 \qquad 余数 1 ↑$$
$$18÷2 = 9 \qquad 余数 0 ↑$$
$$9÷2 = 4 \qquad 余数 1 ↑$$
$$4÷2 = 2 \qquad 余数 0 ↑$$
$$2÷2 = 1 \qquad 余数 0 ↑$$
$$1÷2 = 0 \qquad 余数 1 ↑$$

即
$$(37)_{10} = (100101)_2$$

3. 逻辑代数的化简

（1）逻辑代数的基本公式

逻辑代数的基本公式是一些不需证明、直观可以看出的恒等式。它们是逻辑代数的基础,利用这些基本公式可以化简逻辑函数,还可以用来推证一些逻辑代数的基本定律。

逻辑常量只有 0 和 1。常量间的与、或、非三种基本逻辑运算见表 5-2-3。

表 5-2-3　常量间的与、或、非三种基本逻辑运算

与运算	或运算	非运算
$0 \times 0 = 0$	$0 + 0 = 0$	
$0 \times 1 = 0$	$0 + 1 = 1$	$\overline{1} = 0$
$1 \times 0 = 0$	$1 + 0 = 1$	$\overline{0} = 1$
$1 \times 1 = 1$	$1 + 1 = 1$	

设 A 为逻辑变量,则逻辑变量与常量间的运算公式见表 5-2-4。

表 5-2-4　逻辑变量与常量间的运算公式

与运算	或运算	非运算
$A \times 0 = 0$	$A + 0 = A$	
$A \times 1 = A$	$A + 1 = 1$	$\overline{\overline{A}} = A$
$A \times A = A$	$A + A = A$	
$A \times \overline{A} = 0$	$A + \overline{A} = 1$	

（2）逻辑代数的基本定律

1）交换律：

$$AB = BA$$

$$A + B = B + A$$

2）结合律：

$$ABC = (AB)C = A(BC)$$

$$A + B + C = A + (B + C) = (A + B) + C$$

3）分配律：

$$A(B + C) = AB + AC$$

$$A+BC=(A+B)(A+C)$$

4）吸收律：

$$A(A+B)=A$$

$$A(\bar{A}+B)=AB$$

$$A+AB=A$$

$$A+\bar{A}B=A+B$$

$$AB+\bar{A}C+BC=AB+\bar{A}C$$

5）反演律：

$$\overline{AB}=\bar{A}+\bar{B}$$

$$\overline{A+B}=\bar{A}\ \bar{B}$$

（3）逻辑函数的化简

逻辑函数化简的意义：进行逻辑设计时，根据逻辑问题归纳出来的逻辑函数式往往不是最简逻辑表达式，并且可以有不同的形式，因此，实现这些逻辑函数就会有不同的逻辑电路。对逻辑函数进行化简和变换，可以得到最简的函数式和所需要的形式，从而设计出最简洁的逻辑电路。这对于节省元器件，优化生产工艺，降低成本，提高系统的可靠性，提高产品在市场上的竞争力是非常重要的。

运用逻辑代数的基本定律和公式对逻辑函数式化简的方法，称为代数化简法。基本的化简方法有以下几种。

1）并项法。利用 $A+\bar{A}=1$ 的关系，将两项合并为一项，并消去一个变量，例如

$$\bar{A}\ \bar{B}\ C+\bar{A}\ \bar{B}\ \bar{C}=\bar{A}\ \bar{B}(C+\bar{C})=\bar{A}\ \bar{B}$$

2）吸收法。利用 $A+AB=A$ 的关系，消去多余的因子，例如：

$$AB+AB(E+F)=AB$$

3）消去法。运用 $A+\bar{A}B=A+B$ 消去多余因子，例如

$$AB+\bar{A}C+\bar{B}C=AB+(\bar{A}+\bar{B})C=AB+\overline{AB}\ C=AB+C$$

4）配项法。在不能直接运用公式、定律化简时，可通过乘 $A+\bar{A}=1$ 或加入零项 $A\cdot\bar{A}=0$ 进行配项再化简，例如

$$AB+\bar{B}\ \bar{C}+A\bar{C}D=AB+\bar{B}\ \bar{C}+A\bar{C}D(B+\bar{B})$$

$$=AB+\bar{B}\ \bar{C}+A\bar{B}CD+A\bar{B}\ CD$$

$$=AB(1+\bar{C}D)+\bar{B}\ \bar{C}(1+AD)$$

$$=AB+\bar{B}\ \bar{C}$$

4. 组合逻辑电路的分析与设计方法

（1）组合逻辑电路的分析

分析组合逻辑电路的步骤大致如下：已知逻辑电路图→写逻辑函数式→运用逻辑代数

化简或变换→列真值表→分析逻辑功能。

例：某一组合逻辑电路如图5-2-1所示，试分析其逻辑功能。

解：1）由逻辑图写出逻辑式，并化简，得

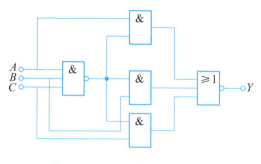

图5-2-1　组合逻辑电路

$$Y = \overline{\overline{\overline{ABC}\ A} + \overline{\overline{ABC}\ B} + \overline{\overline{ABC}\ C}}$$

$$= \overline{\overline{ABC}(A+B+C)}$$

$$= \overline{\overline{\overline{ABC}}} + (\overline{A+B+C})$$

$$= ABC + \overline{A}\ \overline{B}\ \overline{C}$$

2）由逻辑式列出真值表，见表5-2-5。

表5-2-5　真　值　表

A	B	C	Y
0	0	0	1
0	0	1	0
0	1	0	0
0	1	1	0
1	0	0	0
1	0	1	0
1	1	0	0
1	1	1	1

3）分析逻辑功能。只当A、B、C全为0或全为1时，输出Y才为1，否则为0。故该电路称为"判一致电路"，可用于判断三个输入端的状态是否一致。

（2）组合逻辑电路的设计

组合逻辑电路的设计步骤大致如下：已知逻辑要求→列真值表→写逻辑函数式→运用逻辑代数化简或变换→画逻辑电路图。

■ 任务实施

1．设计逻辑要求

三个评委各控制A、B、C三个按键中一个，以少数服从多数的原则表决事件，按下表示同意，否则为不同意。若表决通过，发光二极管点亮，否则不亮。用与非门完成图5-2-2虚线框中逻辑电路的设计。

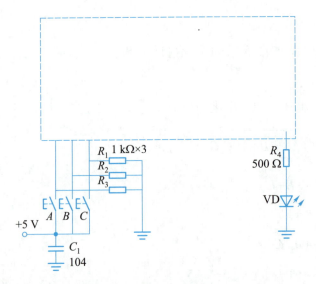

图 5-2-2　三人表决器电路

2. 设计组合逻辑电路

1）设定输入、输出变量。输入变量：三个按键 A、B、C 闭合为 1，断开为 0。输出变量：发光二极管亮为 1，不亮为 0。

2）写出真值表。真值表见表 5-2-6。

表 5-2-6　真　值　表

A	B	C	Y
0	0	0	0
0	0	1	0
0	1	0	0
0	1	1	1
1	0	0	0
1	0	1	1
1	1	0	1
1	1	1	1

3）由真值表写出表达式并化简。由真值表写出表达式：

$$Y = AB\overline{C} + A\overline{B}C + \overline{A}BC + ABC$$

化简得：

$$Y = AB + BC + AC$$

转换为与非式得：

$$Y = \overline{\overline{AB + BC + AC}}$$

$$= \overline{\overline{AB}\ \overline{BC}\ \overline{AC}}$$

4) 画出逻辑电路图及接线图。三人表决器逻辑电路图及接线图如图5-2-3所示。

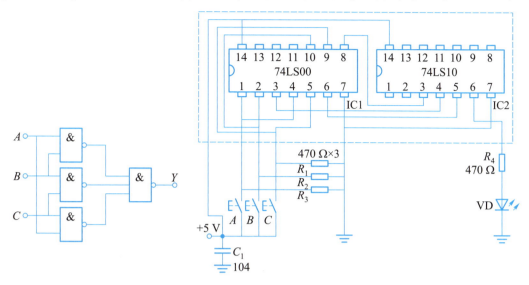

图 5-2-3 三人表决器逻辑电路图及接线图

3. 元器件及材料

选用逻辑电路芯片引脚图如图5-2-4所示,元器件及材料清单见表5-2-7。

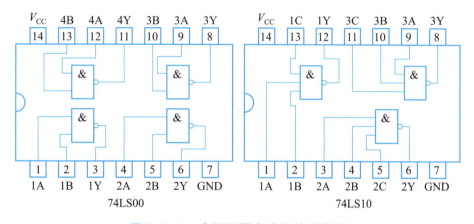

图 5-2-4 选用逻辑电路芯片引脚图

表 5-2-7 元器件及材料清单

序号	名称	型号规格	数量	元器件符号
1	301-2P 接线端子	+5V	1	J_1
2	1/4 W 电阻	470 Ω	4	R_1、R_2、R_3、R_4
3	微动开关	SW2	3	A、B、C
4	DIP 集成电路	74LS00	1	IC1
5	DIP 集成电路	74LS10	1	IC2
6	IC 座	DIP14	2	
7	发光二极管	φ5 mm 红色	1	VD

续表

序号	名称	型号规格	数量	元器件符号
8	电容器	104	1	C_1
9	专用印制电路板		1	

4. 电路装接

印制电路板如图 5-2-5 所示。

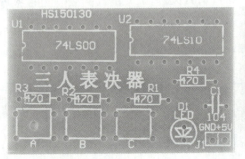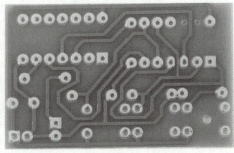

图 5-2-5　印制电路板

5. 电路测试

按下和松开开关 A、B、C（共 8 种组合），使用万用表直流电压挡，测量 74LS00 的 3、6、8 引脚及 74LS10 的 6 引脚电压，并观察发光二极管的状态（亮或不亮），将逻辑值填入表 5-2-8。

表 5-2-8　电路测试数据记录表

开关状态			74LS00 引脚			74LS10 引脚	发光二极管 VD
A	B	C	3	6	8	6	

课题二

中规模集成门电路的制作与调试

课题描述

在本课题中，我们要学会识别常用编码器、译码器的型号、外形及引脚，会用万用表测试常用 LED 数码显示器件，能根据要求搭接译码显示电路，并测试电路的逻辑功能。

知识目标

1. 了解二进制编码器、二-十进制编码器的基本功能。
2. 了解优先编码器的工作特点，典型集成编码器的引脚功能。
3. 了解译码器的基本功能和典型集成译码器的引脚功能。
4. 熟悉常用 LED 数码显示器件的基本结构和工作原理。

技能目标

1. 通过功能测试，学会正确使用集成优先编码器。
2. 会检测常用 LED 数码显示器件。
3. 会搭接数码管显示电路，并能完成逻辑功能的测试。

任务三　优先编码器的制作与调试　>>>

知识准备

按照预先约定，用文字、数码、图形等表示特定对象的过程，称为编码。例如，学生的学号、各地邮政编码、公交车车号等都是编码。在数字系统中，常用 0 和 1 的组合来表示不同的数字、符号、动作或事物，这就是数字电路的编码。实现编码操作的数字电路称为编码器。

常用的编码器有二进制编码器、二-十进制编码器、优先编码器等。

1. 二进制编码器

若输入信号的个数 N 与输出变量的位数 n 满足 $N = 2^n$，则此电路称为二进制编码器。常用的二进制编码器有 4 线-2 线二进制编码器、8 线-3 线二进制编码器和 16 线-

4 线二进制编码器等。图 5-3-1 所示为 8 线-3 线二进制编码器框图。图中 I_0、I_1、…、I_7 表示输入信号，A_2、A_1、A_0 表示输出信号。任何时刻只对其中一个输入信号进行编码，即输入的信号互相是排斥的。假设输入高电平有效，则任何时刻只允许一个端子为 1，其余均为 0。其真值表见表 5-3-1。

图 5-3-1　8 线-3 线二进制
编码器框图

表 5-3-1　8 线-3 线二进制编码器真值表

输入								输出		
I_0	I_1	I_2	I_3	I_4	I_5	I_6	I_7	A_2	A_1	A_0
1	0	0	0	0	0	0	0	0	0	0
0	1	0	0	0	0	0	0	0	0	1
0	0	1	0	0	0	0	0	0	1	0
0	0	0	1	0	0	0	0	0	1	1
0	0	0	0	1	0	0	0	1	0	0
0	0	0	0	0	1	0	0	1	0	1
0	0	0	0	0	0	1	0	1	1	0
0	0	0	0	0	0	0	1	1	1	1

由真值表写出各输出的逻辑表达式为

$$A_2 = I_4 + I_5 + I_6 + I_7 = \overline{\overline{I_4}\ \overline{I_5}\ \overline{I_6}\ \overline{I_7}}$$

$$A_1 = I_2 + I_3 + I_6 + I_7 = \overline{\overline{I_2}\ \overline{I_3}\ \overline{I_6}\ \overline{I_7}}$$

$$A_0 = I_1 + I_3 + I_5 + I_7 = \overline{\overline{I_1}\ \overline{I_3}\ \overline{I_5}\ \overline{I_7}}$$

逻辑电路如图 5-3-2 所示。

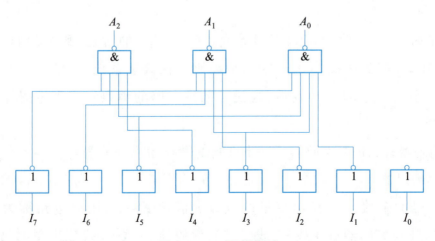

图 5-3-2　逻辑电路

2. 二-十进制编码器

二-十进制编码器是指用 4 位二进制代码表示 1 位十进制数（0~9）的编码电路,也称为 10 线-4 线编码器。要对 10 个信号进行编码,至少需要 4 位二进制代码,所以二-十进制编码器有 10 个信号输入端和 4 个输出端。图 5-3-3 所示是二-十进制编码器框图。图中 $I_0 \sim I_9$ 表示编码器的 10 个输入端,分别代表十进制数 0~9 这 10 个数字;编码器的输出 Y_0、Y_1、Y_2、Y_3 表示 4 位二进制代码。

因为 4 位二进制代码有 16 种状态组合,故可任意选出 10 种表示 0~9 这 10 个数字。不同的选取方式即表示不同的编码方法,如 8421BCD 码、5421BCD 码、余 3BCD 码等,在此主要介绍最常用的 8421BCD 编码器。8421BCD 编码器的真值表见表 5-3-2。

图 5-3-3　二-十进制编码器框图

表 5-3-2　8421BCD 编码器的真值表

输入										输出			
I_0	I_1	I_2	I_3	I_4	I_5	I_6	I_7	I_8	I_9	Y_3	Y_2	Y_1	Y_0
1	0	0	0	0	0	0	0	0	0	0	0	0	0
0	1	0	0	0	0	0	0	0	0	0	0	0	1
0	0	1	0	0	0	0	0	0	0	0	0	1	0
0	0	0	1	0	0	0	0	0	0	0	0	1	1
0	0	0	0	1	0	0	0	0	0	0	1	0	0
0	0	0	0	0	1	0	0	0	0	0	1	0	1
0	0	0	0	0	0	1	0	0	0	0	1	1	0
0	0	0	0	0	0	0	1	0	0	0	1	1	1
0	0	0	0	0	0	0	0	1	0	1	0	0	0
0	0	0	0	0	0	0	0	0	1	1	0	0	1

根据真值表,按照逻辑电路的设计方法即可列出 8421BCD 编码器的逻辑函数表达式,并画出逻辑电路。

3. 优先编码器

普通编码器某一时刻只允许有一个有效输入信号,若同时有两个或两个以上输入信号要求编码时,输出端就会出现错误。而实际的数字设备中经常出现多输入情况,如计算机系统中,可能有多台输入设备同时向主机发出请求,而主机只接受其中一个输入信号。因此,需要根据事情的轻重缓急,规定好先后顺序,约定好优先级别。这种允许同时输入两个或两个以上信号,电路能够根据事先赋予不同优先级而只对优先级别高的输入信号进行编码的电路称为优先编码器。目前市场上供应的集成编码器多为优先编码器。

10线-4线优先编码器常见型号为 54/74147、54/74LS147。现以集成 8421BCD 码优先编码器 74LS147 为例介绍二-十进制优先编码器。图 5-3-4 所示为 74LS147 引脚排列图及逻辑符号。表 5-3-3 为其真值表。

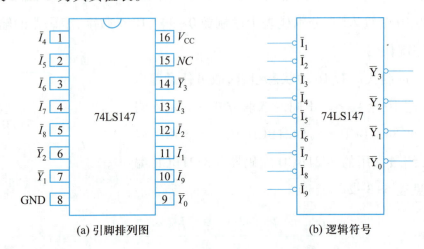

(a) 引脚排列图　　　　　　(b) 逻辑符号

图 5-3-4　74LS147 优先编码器

表 5-3-3　74LS147 优先编码器真值表

十进制数	输入									输出			
	$\overline{I_9}$	$\overline{I_8}$	$\overline{I_7}$	$\overline{I_6}$	$\overline{I_5}$	$\overline{I_4}$	$\overline{I_3}$	$\overline{I_2}$	$\overline{I_1}$	$\overline{Y_3}$	$\overline{Y_2}$	$\overline{Y_1}$	$\overline{Y_0}$
9	0	×	×	×	×	×	×	×	×	0	1	1	0
8	1	0	×	×	×	×	×	×	×	0	1	1	1
7	1	1	0	×	×	×	×	×	×	1	0	0	0
6	1	1	1	0	×	×	×	×	×	1	0	0	1
5	1	1	1	1	0	×	×	×	×	1	0	1	0
4	1	1	1	1	1	0	×	×	×	1	0	1	1
3	1	1	1	1	1	1	0	×	×	1	1	0	0
2	1	1	1	1	1	1	1	0	×	1	1	0	1
1	1	1	1	1	1	1	1	1	0	1	1	1	0
0	1	1	1	1	1	1	1	1	1	1	1	1	1

由真值表可知,74LS147 编码器由一组 4 位二进制代码表示 1 位十进制数。编码器有 9 个输入端 $\overline{I_1}$~$\overline{I_9}$,低电平有效。其中 $\overline{I_9}$ 优先级别最高,$\overline{I_1}$ 优先级别最低。4 个输出端 $\overline{Y_0}$~$\overline{Y_3}$,$\overline{Y_3}$ 为最高位,$\overline{Y_0}$ 为最低位,反码输出。

当无信号输入时,9 个输入端都为"1",则 $\overline{Y_3}$ $\overline{Y_2}$ $\overline{Y_1}$ $\overline{Y_0}$ 输出反码"1111",即原码为"0000",表示输入十进制数是 0。当有信号输入时,根据输入信号的优先级别,输出级别最高信号的编码。例如，当 $\overline{I_9}$、$\overline{I_8}$、$\overline{I_7}$ 为"1"，$\overline{I_6}$ 为"0"，其余信号任意时，只对 $\overline{I_6}$ 进行编码，输出 $\overline{Y_3}\ \overline{Y_2}\ \overline{Y_1}\ \overline{Y_0}$ 为"1001"。其余状态依此类推。

任务实施

1. 电路原理图

电路原理图如图 5-3-5 所示。

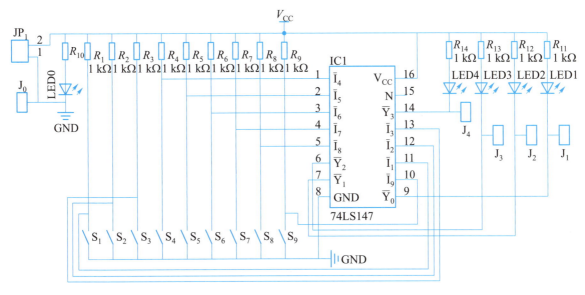

图 5-3-5　电路原理图

2. 电路说明

74LS147 优先编码器有 9 个输入端和 4 个输出端。某个输入端为 0，代表输入某一个十进制数，当 9 个输入端全为 1 时，代表输入的是十进制数 0。4 个输出端反映输入十进制数的 8421BCD 码编码输出。74LS147 优先编码器的输入端和输出端都是低电平有效，即当某一个输入端为低电平 0 时，4 个输出端就以低电平 0 输出其对应的 8421BCD 编码，对应的发光二极管会发光指示。当 9 个输入端全为 1 时，4 个输出端也全为 1，代表输入十进制数 0 的 8421BCD 编码输出。

3. 元器件及材料清单

元器件及材料清单见表 5-3-4。

表 5-3-4　元器件及材料清单

序号	名称	型号规格	数量	元器件符号
1	301-2P 接线端子	+5 V	1	JP_1
2	1/4W 电阻	1 kΩ	14	$R_1 \sim R_{14}$
3	开关	SW2	9	$S_1 \sim S_9$

续表

序号	名称	型号规格	数量	元器件符号
4	DIP 集成电路	74LS147	1	
5	IC 座	DIP16	1	IC1
6	发光二极管	ϕ5 mm 红色	5	LED0～LED4
7	专用电路板		1	

4. 安装注意事项

所有元件均应紧贴电路板表面安装,并应注意编码器芯片、发光二极管有极性方向,编码集成电路需将 IC 座焊好后再将编码器插到 IC 座上。供电电压4～5V,可以从 JP_1 输入,也可以从 GND 和 V_{CC} 处输入。

5. 电路功能测试

电路焊好通电即可工作,闭合对应的开关 S_1～S_9,即可通过 LED1～LED4 的点亮情况查看 8421BCD 编码,本电路可以通过 J_0～J_4 向板外输出编码信号。记录分别闭合开关 S_1～S_9 时输出的代码,并填入表 5-3-5 中。

表 5-3-5　74LS147 逻辑功能测试

十进制数	输入									输出			
	$\overline{I_9}$	$\overline{I_8}$	$\overline{I_7}$	$\overline{I_6}$	$\overline{I_5}$	$\overline{I_4}$	$\overline{I_3}$	$\overline{I_2}$	$\overline{I_1}$	$\overline{Y_3}$	$\overline{Y_2}$	$\overline{Y_1}$	$\overline{Y_0}$
	1	1	1	1	1	1	1	1	1				
	0	×	×	×	×	×	×	×	×				
	1	0	×	×	×	×	×	×	×				
	1	1	0	×	×	×	×	×	×				
	1	1	1	0	×	×	×	×	×				
	1	1	1	1	0	×	×	×	×				
	1	1	1	1	1	0	×	×	×				
	1	1	1	1	1	1	0	×	×				
	1	1	1	1	1	1	1	0	×				
	1	1	1	1	1	1	1	1	0				

6. 分析讨论

74LS147 优先编码器各输入信号优先级顺序是怎样的? 如何进行判断?

任务四 译码显示电路制作与调试 >>>

■知识准备

译码是编码的逆过程,它将给定的二进制数码"翻译"成相应的输出信号,这种实现译码功能的电路称为译码器。译码器大多由门电路构成,它是具有多个输入端和输出端的组合电路。译码器按用途不同可分为通用译码器和显示译码器两大类。通用译码器又分为二进制译码器、二-十进制译码器,它们主要用来完成各种码制之间的转换;显示译码器主要用来译码并驱动显示器显示。

1. 二进制译码器

假设译码器有 n 个输入信号和 N 个输出信号,如果 $N=2^n$,就称为全译码器,常见的全译码器有 2 线-4 线译码器、3 线-8 线译码器、4 线-16 线译码器等。如果 $N<2^n$,称为部分译码器,如二-十进制译码器(也称为 4 线-10 线译码器)。

74LS138 是一种典型的二进制译码器,其引脚图如图 5-4-1 所示。它有 3 个输入端 A_2、A_1、A_0,8 个输出端 $Y_0 \sim Y_7$,所以常称为 3 线-8 线译码器,属于全译码器。输出为低电平有效,S_A、$\overline{S_B}$、$\overline{S_C}$ 为使能端。表 5-4-1 为 74LS138 译码器真值表。

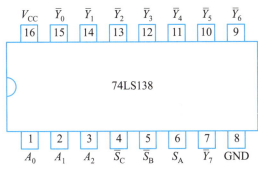

图 5-4-1 74LS138 译码器引脚图

表 5-4-1 74LS138 译码器真值表

输入					输出							
使能		数码										
S_A	$\overline{S_B}+\overline{S_C}$	A_2	A_1	A_0	$\overline{Y_0}$	$\overline{Y_1}$	$\overline{Y_2}$	$\overline{Y_3}$	$\overline{Y_4}$	$\overline{Y_5}$	$\overline{Y_6}$	$\overline{Y_7}$
×	1	×	×	×	1	1	1	1	1	1	1	1
0	×	×	×	×	1	1	1	1	1	1	1	1
1	0	0	0	0	0	1	1	1	1	1	1	1
1	0	0	0	1	1	0	1	1	1	1	1	1
1	0	0	1	0	1	1	0	1	1	1	1	1
1	0	0	1	1	1	1	1	0	1	1	1	1
1	0	1	0	0	1	1	1	1	0	1	1	1
1	0	1	0	1	1	1	1	1	1	0	1	1
1	0	1	1	0	1	1	1	1	1	1	0	1
1	0	1	1	1	1	1	1	1	1	1	1	0

利用使能端能方便地将两个 3 线-8 线译码器组合成一个 4 线-16 线译码器,如图 5-4-2 所示。

其工作原理为:当 $E=1$ 时,两个译码器都禁止工作,输出全 1;当 $E=0$ 时,译码器工作。这时,如果 $A_3=0$,高位译码器禁止,低位译码器工作,输出 $Y_0 \sim Y_7$ 由输入二进制代码 A_2、A_1、A_0 决定;如果 $A_3=1$,低位译码器禁

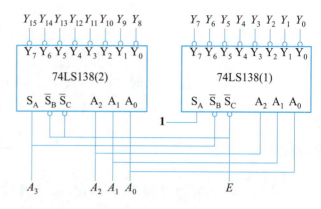

图 5-4-2 组合 4 线-16 线译码器

止,高位译码器工作,输出 $Y_8 \sim Y_{15}$ 由输入二进制代码 A_2、A_1、A_0 决定。从而实现了 4 线-16 线译码器功能。

2. 二-十进制译码器

二-十进制译码器也称 BCD 译码器,它的功能是将输入的 4 位二进制码译成对应的十进制数输出信号,又称为 4 线-10 线译码器。74LS42 就是一种常用的二-十进制译码器。输入为 8421BCD 码,有 10 个输出,输出低电平有效。74LS42 译码器引脚图如图 5-4-3 所示,其真值表见表 5-4-2。

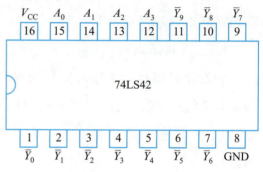

图 5-4-3 74LS42 译码器引脚图

表 5-4-2 74LS42 译码器真值表

输入				输出									
A_3	A_2	A_1	A_0	Y_0	Y_1	Y_2	Y_3	Y_4	Y_5	Y_6	Y_7	Y_8	Y_9
0	0	0	0	0	1	1	1	1	1	1	1	1	1
0	0	0	1	1	0	1	1	1	1	1	1	1	1
0	0	1	0	1	1	0	1	1	1	1	1	1	1
0	0	1	1	1	1	1	0	1	1	1	1	1	1
0	1	0	0	1	1	1	1	0	1	1	1	1	1
0	1	0	1	1	1	1	1	1	0	1	1	1	1
0	1	1	0	1	1	1	1	1	1	0	1	1	1
0	1	1	1	1	1	1	1	1	1	1	0	1	1
1	0	0	0	1	1	1	1	1	1	1	1	0	1
1	0	0	1	1	1	1	1	1	1	1	1	1	0
1	0	1	0	1	1	1	1	1	1	1	1	1	1
1	0	1	1	1	1	1	1	1	1	1	1	1	1
1	1	0	0	1	1	1	1	1	1	1	1	1	1
1	1	0	1	1	1	1	1	1	1	1	1	1	1
1	1	1	0	1	1	1	1	1	1	1	1	1	1
1	1	1	1	1	1	1	1	1	1	1	1	1	1

3. 数码显示译码器

（1）七段 LED 数码管

七段 LED 数码管是目前最常用的数字显示译码器，图 5-4-4a、b 所示分别为共阴极和共阳极数码管的引脚及内部结构。

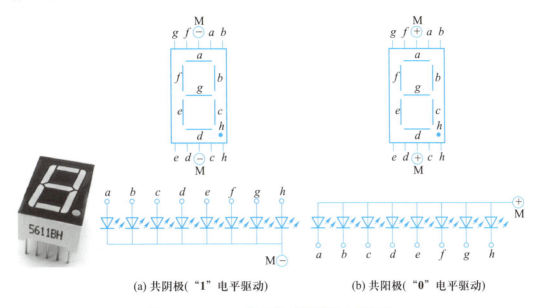

（a）共阴极（"1"电平驱动）　　（b）共阳极（"0"电平驱动）

图 5-4-4　LED 数码管的引脚及内部结构

一个七段 LED 数码管可用来显示一位 0~9 十进制数和一个小数点。小型数码管（0.5 in 和 0.36 in）每段发光二极管的正向压降随显示光（通常为红、绿、黄、橙色）的颜色不同略有差别，通常约为 2~2.5 V，每个发光二极管的点亮电流为 5~10 mA。七段 LED 数码管要显示 8421BCD 码所表示的十进制数就需要有一个专门的译码器，该译码器不但要完成译码功能，还要有相当的驱动能力。

（2）BCD 码七段译码驱动器

此类译码器型号有 74LS47（共阳）、74LS48（共阴）、CD4511（共阴）等，下文以 CD4511 BCD 码七段译码驱动器，驱动共阴极七段 LED 数码管为例讲解。CD4511 引脚及实物图如图 5-4-5 所示。

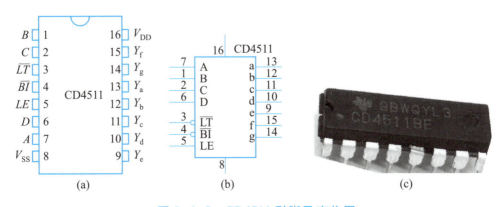

（a）　　　　　　　（b）　　　　　　　（c）

图 5-4-5　CD4511 引脚及实物图

其中，A、B、C、D 为 BCD 码输入端；Y_a、Y_b、Y_c、Y_d、Y_e、Y_f、Y_g 是译码输出端，输出"1"有效，用来驱动共阴极七段 LED 数码管；$\overline{LT}$是测试输入端，$\overline{LT}$为"0"时，译码输出全为"1"；$\overline{BI}$是消隐输入端，$\overline{BI}$为"0"时，译码输出全为"0"；LE 是锁定端，LE 为"0"正常译码，LE 为"1"时，译码器处于锁定（保持）状态，译码输出保持在 $LE=0$ 时的数值。

表 5-4-3 为 CD4511 真值表。CD4511 内接有上拉电阻，故只需在输出端与数码管笔段之间串入限流电阻即可工作。译码器还有拒伪码功能，当输入码超过 1001 时，输出全为"0"，数码管熄灭。

表 5-4-3　CD4511 真值表

输入							输出							显示字形
LE	$\overline{BI}$	$\overline{LT}$	D	C	B	A	Y_a	Y_b	Y_c	Y_d	Y_e	Y_f	Y_g	
×	×	0	×	×	×	×	1	1	1	1	1	1	1	8
×	0	1	×	×	×	×	0	0	0	0	0	0	0	消隐
0	1	1	0	0	0	0	1	1	1	1	1	1	0	0
0	1	1	0	0	0	1	0	1	1	0	0	0	0	1
0	1	1	0	0	1	0	1	1	0	1	1	0	1	2
0	1	1	0	0	1	1	1	1	1	1	0	0	1	3
0	1	1	0	1	0	0	0	1	1	0	0	1	1	4
0	1	1	0	1	0	1	1	0	1	1	0	1	1	5
0	1	1	0	1	1	0	0	0	1	1	1	1	1	6
0	1	1	0	1	1	1	1	1	1	0	0	0	0	7
0	1	1	1	0	0	0	1	1	1	1	1	1	1	8
0	1	1	1	0	0	1	1	1	1	1	0	1	1	9
0	1	1	1	0	1	0	0	0	0	0	0	0	0	消隐
0	1	1	1	0	1	1	0	0	0	0	0	0	0	消隐
0	1	1	1	1	0	0	0	0	0	0	0	0	0	消隐
0	1	1	1	1	0	1	0	0	0	0	0	0	0	消隐
0	1	1	1	1	1	0	0	0	0	0	0	0	0	消隐
0	1	1	1	1	1	1	0	0	0	0	0	0	0	消隐
1	1	1	×	×	×	×	锁存							锁存

任务实施

1. 识读电路原理图

电路原理图如图 5-4-6 所示。其中，A、B、C、D 为 BCD 码输入，A 为最低位，通过 $S_1 \sim S_4$ 可以控制输入状态，当对应的开关断开时，输入为低电平"0"，当对应的开关闭合时，输入为高电平"1"。$\overline{LT}$ 为灯测试端，加高电平时，七段 LED 数码管正常显示，加低电平时，七段 LED 数码管一直显示数码"8"，各笔段都被点亮，以检查是否有故障，可以通过 S_5 来进行此功能的测试。$\overline{BI}$ 为消隐功能端，低电平时使所有笔段均消隐，正常显示时，$\overline{BI}$ 端应加高电平，可以通过 S_6 来进行此功能的测试。另外 CD4511 有拒绝伪码的特点，当输入数据超过十进制数 9（1001）时，显示字形自行消隐。LE 是锁存控制端，高电平时锁存，低电平时传输数据，可以通过 S_7 来进行此功能的测试。$a \sim g$ 是七段输出，可驱动共阴极七段 LED 数码管。电路中 $R_1 \sim R_4$，$R_8 \sim R_{15}$ 为 LED 的限流电阻，R_5、R_6 为上拉电阻，R_7 为下拉电阻，为相关使能端提供正常工作电位。

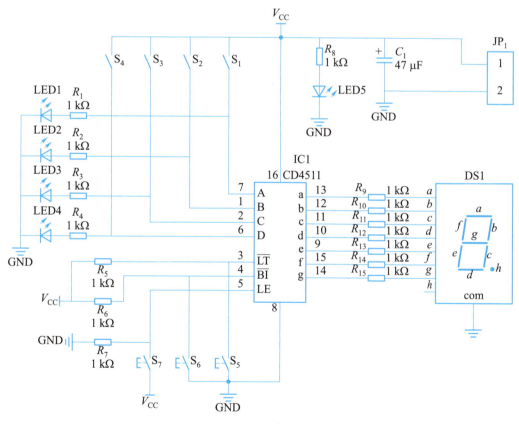

图 5-4-6　电路原理图

2. 元器件及材料清单

元器件及材料清单见表 5-4-4。

表 5-4-4　元器件及材料清单

序号	名称	型号规格	数量	元器件符号
1	301-2P 接线端子	+5 V	1	JP_1
2	1/4W 电阻	1 kΩ	14	$R_1 \sim R_{14}$
3	开关	SW2	4	$S_1 \sim S_4$
4	微动开关	6 mm×6 mm×5 mm	3	$S_5 \sim S_7$
5	DIP 集成电路	CD4511	1	IC1
6	七段 LED 数码管	BT201	1	DS1
7	IC 座	DIP16	1	IC1
8	发光二极管	φ5 mm 红色	5	LED1 ~ LED5
9	电解电容	47 μF	1	C_1
10	专用电路板		1	

3. 电路装接

电路中所有集成电路、发光二极管、电解电容、数码管均为有极性元器件,注意不能装反方向。所有元器件均应紧贴电路板表面安装,元器件标识面朝向便于观察的一方。CD4511工作电压范围宽,采用 3~18V 直流电源供电均能工作,为了保证效果,建议采用 4~12V 直流供电。电源从 JP_1 接线端子引入,注意正负极性必须正确。

4. 电路功能测试

(1) 译码电路使能控制端功能测试

根据 CD4511 功能表拨动 S_5、S_6、S_7 使能控制端,依次进行试灯、消隐、正常显示测试,并将测试结果填入表 5-4-5 中。

表 5-4-5　功能测试记录表

	$S_5(\overline{LT})$	$S_6(\overline{BI})$	$S_7(LE)$	数码管显示
试灯				
消隐				
正常显示				

(2) 正常输入输出功能测试

根据表 5-4-5 所示,测试输入端 S_1、S_2、S_3、S_4 四个开关状态与数码管显示的关系。

思考与练习

一、判断题

1. 在数字电路中,高电平和低电平指的是一定的电压范围,并不是一个固定不变的数值。(　　)

2. 由三个开关并联起来控制一只电灯时,电灯的亮与不亮同三个开关的闭合或断开之间的对应关系属于与逻辑关系。(　　)

3. 异或门的逻辑功能是"相同出 0,不同出 1"。(　　)

4. 逻辑代数式 $A+1=A$ 成立。(　　)

5. 二进制数进位原则是"逢二进一"。(　　)

6. 8421BCD 码中的 8、4、2、1 表示从高到低各位二进制位对应的权。(　　)

7. 十六进制数 31 用 8421BCD 码表示为 0011 0001。(　　)

8. 十进制数转换为二进制数的方法是"除 2 取余倒记法"。(　　)

9. 在组合逻辑电路中,设计出的电路所用门电路的数量最少的方案一定是最好的方案。(　　)

10. 七段 LED 数码管不管是共阳极型还是共阴极型,当 a、b、c、d、e、f、g 一样时,显示的结果相同。(　　)

11. 若编码器有 n 个输入和 m 个输出,则输入和输出间应满足 $n \geqslant 2m$。(　　)

12. 译码器为多个输入和多个输出端,每输入一组二进制代码,只有一个输出端有效。(　　)

二、选择题

1. 数字电路的输入和输出变量都只有_____种状态。

A. 1　　　　　　　　B. 2　　　　　　　　C. 3　　　　　　　　D. 4

2. 题图 5-1 所示电路中,A、B 为开关,Y 为电灯,以正逻辑体制从电灯发光的角度看,Y 与 A、B 之间应符合_____。

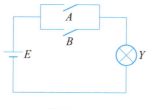

题图 5-1

A. 或逻辑关系　　　B. 与逻辑关系　　　C. 非逻辑关系　　　D. 与非逻辑关系

3. 将与非门电路的所有输入端连接在一起,可实现_____功能。

A. 与非　　　　　　B. 与　　　　　　　C. 非　　　　　　　D. 或非

4. 题图 5-2 中,设开关 A、B、C 断开为 0、闭合为 1,电灯 Y 亮为 1、不亮为 0,则该电路所实现的逻辑功能是_____。

A. $Y=AB+AC$　　　B. $Y=A+BC$　　　C. $Y=AB+C$　　　D. $Y=AC+B$

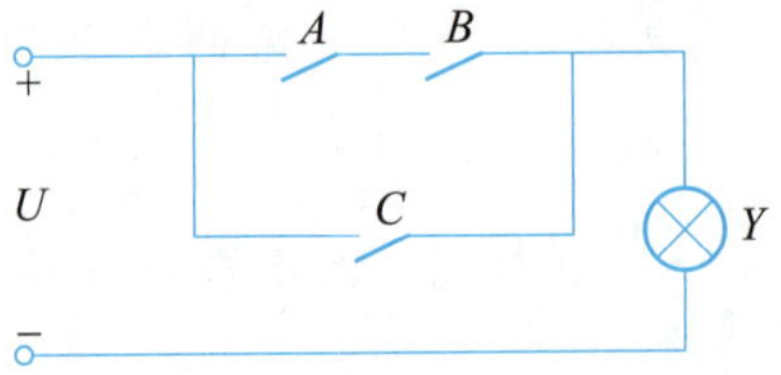

题图 5-2

5. 题图 5-3 所示逻辑电路中,输出逻辑表达式正确的是_____。

A. $F=\overline{AB}$　　　B. $F=A+B$　　　C. $F=AB$　　　D. $F=\overline{A}+B$

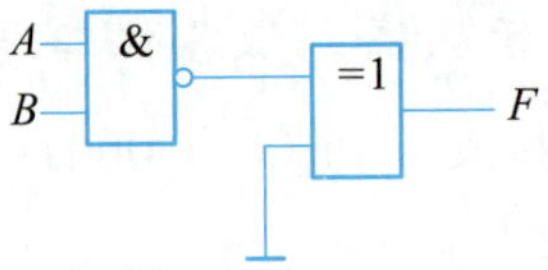

题图 5-3

6. 为了使设计出来的电路最简单,完成逻辑函数式 $Y=\overline{A}+\overline{B}$ 的功能需要_____。

A. 两个非门和一个或门　　　　　　B. 一个或非门

C. 一个与非门　　　　　　　　　　D. 一个或门和一个非门

7. 下列命题正确的是_____。

A. 若 $AB=AC$,则 $B=C$　　　　　　B. 若 $A+B=A+C$,则 $B=C$

C. 若 $A+B=A+C$,$AB=AC$,则 $B=C$　D. 若 $A=B$,则 $1+AB=A$

8. 8421BCD 码表示一个十进制数时需要用一个_____位二进制数。

A. 二　　　　　B. 三　　　　　C. 四　　　　　D. 六

9. 电话室有三种电话,按照由高到低优先级排序依次是火警、急救和工作电话,能够实现该控制功能的电路是_____。

A. 普通编码器　　　B. 优先编码器　　　C. 译码器　　　D. 寄存器

10. 一个有 16 个输入的编码器,其输出端最少有_____个。

A. 1　　　　　B. 4　　　　　C. 8　　　　　D. 16

11. 能将输入信号转变成二进制代码的电路称为_____。

A. 译码器　　　B. 编码器　　　C. 数据选择器　　　D. 数据分配器

三、填空题

1. 逻辑代数的三种基本运算是_____、_____、_____。

2. 数字集成电路接组成的元器件不同,可分为_____和_____两大类。

3. $(DC)_{16}=(\underline{\quad\quad})_{10}=(\underline{\quad\quad})_{2}$

4. 有一数码10010011，作为自然二进制数时，它相当于十进制数的＿＿＿，作为 8421BCD 码时，它相当于十进制数的＿＿＿＿＿＿。

5. 在 $Y=AB+CD$ 的真值表中，$Y=1$ 的状态有＿＿＿＿个。

6. 当逻辑函数有 n 个变量时，共有＿＿＿＿＿组变量取值组合(最小项)。

7. 译码是＿＿＿＿的逆过程，它将＿＿＿＿转换成＿＿＿＿。译码器有多个输入和多个输出端，每输入一组二进制代码，只有＿＿＿个输出端有效。n 个输入端最多可有＿＿＿个输出端。

8. 七段 LED 数码管有＿＿＿＿＿、＿＿＿＿＿两种接法。

四、问答与计算题

1. 用代数法将下列函数化简为最简与或表达式。

1) $Y_1 = \overline{A}\,\overline{B}\,\overline{C}+A+B+C+\overline{\overline{A}\,\overline{B}C}$

2) $Y_2 = (AB+A\overline{B}+\overline{A}B)(A+B+D+\overline{ABD})$

3) $Y_3 = ABC\overline{D}+ABD+BC\overline{D}+ABC+BD+B\,\overline{C}$

2. 分析题图 5-4 所示逻辑电路，回答下列问题。

1) 列真值表。

2) 写出逻辑表达式。

3) 说明其逻辑功能。

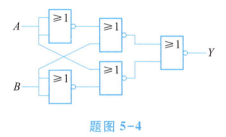

题图 5-4

3. 输入波形如题图 5-5 所示，试画出下列各表达式对应的输出波形。

1) $Y=\overline{A+B}$

2) $Y=\overline{AB}$

3) $Y=A\overline{B}+\overline{A}B$

题图 5-5

4. 设一位二进制半加器的被加数为 A，加数为 B，本位之和为 S，向高位进位为 C，试根据真值表(题表 5-1) 回答下列问题。

1) 写出逻辑表达式。

2) 画出其逻辑图。

题表 5-1

输入		输出	
A	B	C	S
0	0	0	0
0	1	0	1
1	0	0	1
1	1	1	0

5. 某个车间有红、黄两个故障指示灯,用来表示 3 台设备的工作情况。如一台设备出现故障,则黄灯亮;如两台设备出现故障,则红灯亮;如三台设备同时出现故障,则红灯和黄灯都亮。试用与非门和异或门设计一个能实现此要求的逻辑电路。

1) 列真值表。

2) 写出逻辑表达式。

3) 根据表达式画出逻辑图。

时序逻辑电路的制作与调试

学习目标

1. 熟悉基本 RS 触发器电路组成,掌握其逻辑功能。

2. 熟悉同步 RS 触发器的特点、时钟脉冲的作用。

3. 熟悉 JK 触发器的符号,知道触发器边沿触发方式。

4. 了解典型集成 JK 触发器的引脚功能,掌握 JK 触发器的逻辑功能。

5. 熟悉 D 触发器的符号,掌握 D 触发器的逻辑功能。

6. 通过四人抢答器的制作与检测,掌握集成 D 触发器的应用。

7. 能识别 555 时基电路的引脚和逻辑功能,了解 555 时基电路在生活中的应用实例。

8. 了解由 555 时基电路构成的多谐振荡器、单稳触发器、施密特触发器的原理。

9. 通过装接、调试叮咚门铃电路,熟悉 555 时基电路的特性和应用。

10. 通过功能测试,掌握十进制集成计数器的外特性及应用。

11. 通过 24 s 倒计时电路的制作,熟悉集成译码显示器、集成计数器的应用。

课 题 一

触发器应用电路的制作与调试

课题描述

在本课题中,我们要熟悉基本 RS 触发器、JK 触发器、D 触发器的逻辑功能;了解典型集成触发器的引脚功能,通过抢答器的制作与检测,掌握 D 触发器的应用,并结合测试结果分析电路工作原理。

知识目标

1. 熟悉基本 RS 触发器的电路组成,掌握其逻辑功能。
2. 熟悉同步 RS 触发器的特点、时钟脉冲的作用。
3. 熟悉 JK 触发器的符号,知道触发器边沿触发方式。
4. 熟悉 D 触发器的符号,掌握 D 触发器的逻辑功能。

技能目标

1. 会对集成 JK 触发器的逻辑功能进行测试。
2. 会对集成 D 触发器的逻辑功能进行测试。
3. 会识读集成触发器外引线排列图及引出端功能图,会对具体应用电路进行装接与调试。

任务一 二人抢答器的制作与调试 >>>

知识准备

触发器是构成时序逻辑电路的基本单元,它是一种具有记忆功能,能存储 1 位二进制信息的逻辑电路。触发器具备两个基本特点:一是具有两个能自行保持的稳定状态(0 态或 1 态);二是在触发信号的作用下,根据输入信号可以置成 0 或 1 状态。触发器按逻辑功能不同分为 RS 触发器、JK 触发器、D 触发器、T 触发器。基本 RS 触发器是组成各种触发器的基础。

1. 基本 *RS* 触发器

（1）电路组成

将两个集成与非门的输出端和输入端交叉反馈相接,就组成了基本 *RS* 触发器。

基本 *RS* 触发器逻辑图如图 6-1-1 所示,图形符号如图 6-1-2 所示。

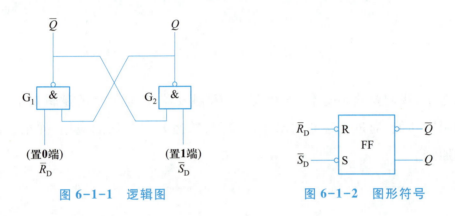

图 6-1-1　逻辑图　　　　图 6-1-2　图形符号

触发器有两个与非门 G_1、G_2,有两个输入端 $\overline{R}_D$、$\overline{S}_D$,有两个输出端 Q、$\overline{Q}$,在正常情况下,输出端的逻辑状态是互补的,即一个为 0 态时,另一个为 1 态。

（2）工作原理

触发器在工作时,通常规定触发器 Q 端的状态为触发器的状态。当 $Q=0$,$\overline{Q}=1$ 时称触发器处于 0 态（稳定状态）;当 $Q=1$,$\overline{Q}=0$ 时称触发器处于 1 态（另一种稳定状态）。所以触发器有两种可能的稳态:0 态和 1 态。触发器的状态改变必须外加适当的触发信号,当触发器的输入端 $\overline{R}_D=0$,$\overline{S}_D=1$ 时,G_1 输出 $\overline{Q}=1$,$\overline{Q}$ 反馈给 G_2,G_2 输出 $Q=0$;同样可分析出其他几种输入情况的 Q 端状态。

（3）逻辑功能

基本 *RS* 触发器的逻辑功能如下:

当 $\overline{R}_D=0$,$\overline{S}_D=1$ 时,则 $Q=0$($\overline{Q}=1$),触发器具有置 0 功能。

当 $\overline{R}_D=1$,$\overline{S}_D=0$ 时,则 $Q=1$($\overline{Q}=0$),触发器具有置 1 功能。

当 $\overline{R}_D=1$,$\overline{S}_D=1$ 时,则 Q 不变($\overline{Q}$ 不变),触发器具有保持功能,即 Q 原来为 0 仍为 0,Q 原来为 1 仍为 1。

当 $\overline{R}_D=0$,$\overline{S}_D=0$ 时,则 $Q=1$($\overline{Q}=1$),此时两个与非门的输出都为 1,在逻辑上是不允许的。这种情况应当禁止,否则会出现逻辑混乱或错误。

通常把 $\overline{R}_D$ 端加负脉冲使触发器由 1 态变 0 态,称为触发器置 0,相应的 $\overline{R}_D$ 端称为置 0 端（又称复位端）;$\overline{S}_D$ 端加负脉冲使触发器由 0 态变 1 态,称为触发器置 1,相应的 $\overline{S}_D$ 端称为置 1 端（又称置位端）。图 6-1-2 中,FF 表示触发器,输入端引线处的小圆圈表示负脉冲触发,和 $\overline{R}_D$、$\overline{S}_D$ 上的"—"表示同一个意思,不加小圆圈则表示正脉冲触发。

（4）真值表

基本 RS 触发器真值表见表 6-1-1。

表 6-1-1　基本 RS 触发器真值表

$\overline{R}_{\mathrm{D}}$	$\overline{S}_{\mathrm{D}}$	Q	逻辑功能
0	1	0	置 0
1	0	1	置 1
1	1	不变	保持
0	0	不定	禁止

（5）波形图

基本 RS 触发器的工作波形如图 6-1-3 所示。

触发器状态在外加信号作用下转换的过程，称为触发器的翻转，这个外加信号称为触发脉冲。基本 RS 触发器是最简单的 RS 触发器，是其他各种功能触发器的基本组成部分。

基本 RS 触发器也可以由或非门构成，其逻辑电路如图 6-1-4 所示，图形符号如图 6-1-5 所示，它的真值表见表 6-1-2。

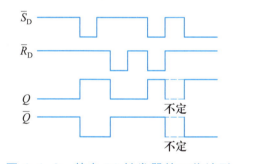

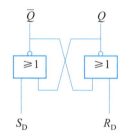
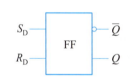

图 6-1-3　基本 RS 触发器的工作波形　　图 6-1-4　逻辑电路　　图 6-1-5　图形符号

表 6-1-2　或非门构成的基本 RS 触发器的真值表

S_{D}	R_{D}	Q	逻辑功能
0	1	0	置 0
1	0	1	置 1
0	0	不变	保持
1	1	不定	禁止

S_{D}、R_{D} 分别为置 1 端和置 0 端，高电平有效，它们不能同时为高电平。

2. 钟控同步 RS 触发器

实用的数字电路系统中，常要求各触发器能在控制触发信号的作用下同步翻转，为此须在基本 RS 触发器上增加一个控制端，它的作用是：无控制触发脉冲时，RS 触发器只对 R、S 端出现的触发电平起暂存的作用，不会立即翻转；若控制端给出控制触发脉冲，触发器才按存入的信息翻转。可见,控制触发脉冲是指挥数字电路系统中各触发器协同工作的主控脉冲,各触发器根据主控脉冲的标准节拍按一定顺序同步翻转。这种像时钟一样,提供各触发器准确翻转时刻的脉冲信号称为时钟脉冲,用 CP 表示。带有控制端的基本 RS 触发器,称为钟控同步 RS 触发器。这种触发器多了一个决定其动作时间的时钟脉冲输入端,即 CP 端。

（1）电路组成

如图 6-1-6 所示,电路由一个基本 RS 触发器和两个控制门（G_3、G_4）组成。图形符号如图 6-1-7 所示。时钟脉冲 CP 端无小圆圈表示 CP 正脉冲（高电平）触发有效。

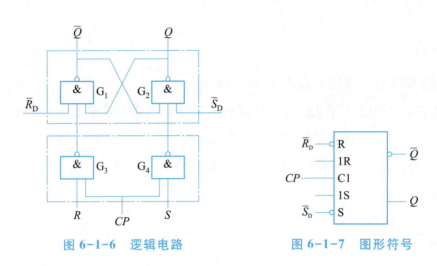

图 6-1-6　逻辑电路　　　　　　图 6-1-7　图形符号

$\overline{S}_D$、$\overline{R}_D$ 称为直接置 1 端和直接置 0 端,它的优先级最高。一般只在时钟脉冲工作前使用,比如给触发器置初态;在时钟脉冲工作过程中是不用的,应将其悬空或接高电平。$\overline{S}_D$、$\overline{R}_D$ 不能同时为低电平。

（2）工作原理

$CP = 0$ 时,G_3、G_4 输出为 1,触发器维持原态。

$CP = 1$ 时,触发器状态由 R、S 决定,具体见真值表 6-1-3。

（3）真值表

钟控同步 RS 触发器真值表见表 6-1-3。

表 6-1-3　钟控同步 RS 触发器真值表

S	R	Q^{n+1}	逻辑功能
0	0	Q^n	保持
1	0	1	置1
0	1	0	置0
1	1	不定	禁止

Q^n 表示时钟作用前触发器的状态,称为原状态;Q^{n+1} 表示时钟作用后触发器的状

态,称为现状态。当 $S=1$、$R=1$ 时,时钟脉冲过后,电路状态不定,这种情况是禁止使用的。

（4）波形图

钟控同步 RS 触发器工作波形如图 6-1-8 所示（设触发器初态为 0）。

3. 触发器常用的触发方式

（1）同步式触发

同步式触发采用高电平触发方式,即在 CP 高电平期间输入信号起作用。同步式 RS 触发器波形如图 6-1-9 所示,在 CP 高电平期间,输出会随输入信号变化,因此无法保证一个 CP 周期内触发器只动作一次。

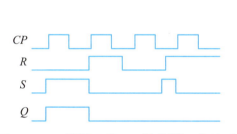

图 6-1-8　钟控同步 RS 触发器工作波形

CP 高电平期间触发

图 6-1-9　同步式 RS 触发器波形

（2）上升沿触发

上升沿触发只在时钟脉冲 CP 上升沿时刻根据输入信号翻转,它可以保证一个 CP 周期内触发器只动作一次,使触发器的翻转次数与时钟脉冲数相等,并可克服输入干扰信号引起的误翻转。上升沿 RS 触发器波形如图 6-1-10 所示。

（3）下降沿触发

下降沿触发只在时钟脉冲 CP 下降沿时刻根据输入信号翻转,它可以保证一个 CP 周期内触发器只动作一次。下降沿 RS 触发器波形如图 6-1-11 所示。

CP 上升沿时刻触发

图 6-1-10　上升沿 RS 触发器波形

CP 下降沿时刻触发

图 6-1-11　下降沿 RS 触发器波形

触发器触发方式不同,对应的图形符号也不同,以上三种 RS 触发器图形符号见表 6-1-4。

表 6-1-4　RS 触发器的图形符号

触发器类型	同步式 RS 触发器	上升沿 RS 触发器	下降沿 RS 触发器
图形符号	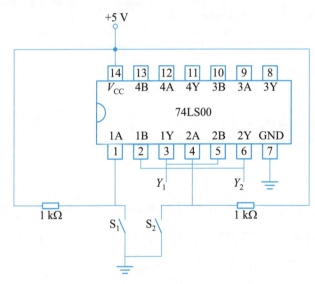		

任务实施

1. 基本 RS 触发器逻辑功能测试

由 74LS00 连成的基本 RS 触发器测试电路如图 6-1-12 所示。将测试结果填入表 6-1-5 中。

图 6-1-12　基本 RS 触发器测试电路

表 6-1-5　基本 RS 触发器功能测试表

S_1	S_2	输入		输出		是否符合逻辑功能
		1 脚 $\overline{R}_D$	4 脚 $\overline{S}_D$	3 脚 $\overline{Q}$	6 脚 Q	
0	0					
0	1					
1	0					
1	1					

2. 二人抢答器的制作与调试

（1）二人抢答器电路图

利用基本 RS 触发器的置 0、置 1 和保持的功能设计出二人抢答器，电路如图 6-1-13 所示。S_1、S_2 未按下时，$\overline{R}_D = 0$，$\overline{S}_D = 0$，$Q = 1$（$\overline{Q} = 1$），VD1、VD2 都不亮；当 S_1 先按下时，$\overline{R}_D = 1$，$\overline{S}_D = 0$，$Q = 1$（$\overline{Q} = 0$），VD1 亮，VD2 不亮；此时若 S_2 再按下，$\overline{R}_D = 1$，$\overline{S}_D = 1$，由基本 RS 触发器的逻辑功能可知，触发器处于保持状态，VD1、VD2 状态被锁定，所以 S_1 抢答成功；同理，当 S_2 先按下时，VD2 亮，VD1 不亮，S_2 抢答成功。

（2）电路接线图

二人抢答器接线图如图 6-1-14 所示。

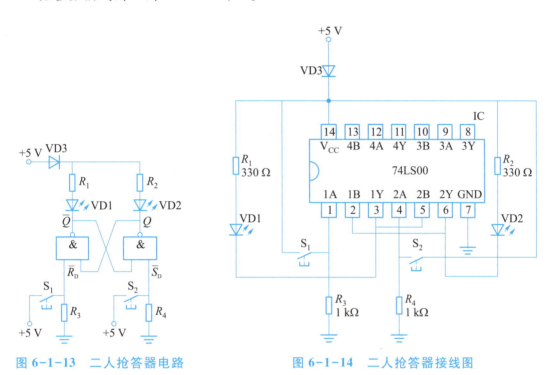

图 6-1-13　二人抢答器电路　　　　图 6-1-14　二人抢答器接线图

（3）元器件及材料清单

元器件及材料清单见表 6-1-6。

表 6-1-6　元器件及材料清单

序号	名称	规格型号	数量	元器件符号
1	电阻器	330 Ω	2	R_1、R_2
2	电阻器	1 kΩ	2	R_3、R_4
3	发光二极管	φ4 mm 红	1	VD1
4	发光二极管	φ4 mm 绿	1	VD2
5	二极管	1N4148	1	VD3
6	与非门	74LS00	1	IC
7	微动开关	6 mm×6 mm×5 mm	2	S_1、S_2
8	IC 座	14P 集成电路座	1	IC
9	印制电路板	4.6 cm×5 cm	1	

（4）电路装接

印制电路板焊接装配如图 6-1-15 所示。

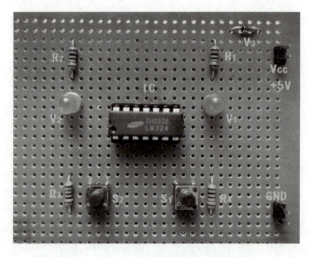

图 6-1-15　印制电路板焊接装配

（5）电路测试

① 按下（用 1 表示）和松开（用 0 表示）S_1、S_2，使用万用表直流电压挡测量 74LS00 的 1、2、3、4、5、6 脚的电压，并观察发光二极管的状态（亮或不亮），将测试结果填入表 6-1-7 中。

表 6-1-7　电路测试数据记录表

开关状态		74LS00						发光二极管	
S_1	S_2	1 脚	2 脚	3 脚	4 脚	5 脚	6 脚	VD1	VD2
0	0								
0	1								
1	0								
1	1								

② 三人一组，其中一人提出问题，另两人分别控制 S_1、S_2，对问题进行抢答。

任务二　四人抢答器的制作与调试 >>>

知识准备

1. JK 触发器的电路组成和逻辑功能

由 RS 触发器的逻辑功能可知，当 $R = S = 1$ 时，触发器输出状态不定，在逻辑上是不允许的，这给使用带来不便。JK 触发器是在 RS 触发器基础上发展出来的，它可以较好地解决触发器输出状态不确定的问题。

（1）电路结构和逻辑符号

主从 JK 触发器电路如图 6-2-1 所示。它是在主从 RS 触发器电路上进行改进得到的，同时把 R 端改称为 K 端，把 S 端改称为 J 端，这样改接后的电路称为主从 JK 触发器，简称 JK 触发器。主从 JK 触发器图形符号如图 6-2-2 所示，该触发器是 CP 下降沿触发有效。

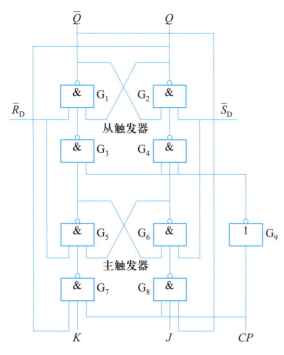

图 6-2-1　主从 JK 触发器电路

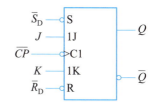

图 6-2-2　主从 JK 触发器图形符号

（2）逻辑功能

设触发器 $\overline{R}_D = \overline{S}_D = 1$（悬空），根据图 6-2-1 分析结果如下：

当 $J = K = 1$ 时，在 CP 下降沿到来时刻，触发器状态发生翻转，即 $Q^{n+1} = \overline{Q}^n$；当 $J = K = 0$ 时，在 CP 下降沿到来时刻，触发器的状态保持不变，即 $Q^{n+1} = Q^n$；当 $J = 1$、$K = 0$ 时，在 CP 下降沿到来时刻，触发器状态置 1，即 $Q^{n+1} = 1$；当 $J = 0$、$K = 1$ 时，在 CP 下降沿到来时刻，触发器状态置 0，即 $Q^{n+1} = 0$。

（3）真值表

由 JK 触发器的逻辑功能列出 JK 触发器的真值表（表 6-2-1）。

表 6-2-1　JK 触发器真值表

J	K	Q^{n+1}	逻辑功能
0	0	Q^n	保持
1	1	$\overline{Q}^n$	翻转
0	1	0	置 0
1	0	1	置 1

（4）波形图

主从 JK 触发器的工作波形如图 6-2-3 所示。注意 Q 端的状态由 CP 下降沿时刻的 J、K 端的电平决定。

JK 触发器具有置 0（复位）、置 1（置位）、保持（记忆）和翻转（计数）功能，在各类集成触发器中，JK 触发器的功能最为齐全。在实际应用中，它不仅有很强的通用性，而且能灵活地转换成其他类型的触发器。由 JK 触发器可以构成 D 触发器和 T 触发器。

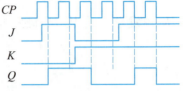

图 6-2-3　主从 JK 触发器的
工作波形

2. D 触发器

（1）电路结构

在 JK 触发器的 K 端，串接一个非门，再接到 J 端，引出一个控制端 D，就组成 D 触发器。如图 6-2-4 所示。

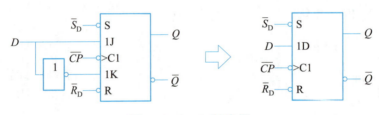

图 6-2-4　D 触发器

（2）逻辑功能

D 触发器是 JK 触发器在 $J \neq K$ 条件下的特殊电路。当 $D=1$ 时，相当于 JK 触发器 $J=1$、$K=0$ 的情况，即不管触发器原来状态如何，触发器总置 1；当 $D=0$ 时，相当于 JK 触发器 $J=0$、$K=1$ 的情况，则不管触发器原来状态如何，触发器总置 0。显然，在时钟脉冲作用后，触发器状态与 D 端状态相同，即 $Q^{n+1}=D$。

（3）真值表

D 触发器的真值表见表 6-2-2。

表 6-2-2　D 触发器真值表

D	Q^{n+1}	逻辑功能
1	1	置 1
0	0	置 0

（4）工作波形

D 触发器的工作波形如图 6-2-5 所示。

3. T 触发器

（1）电路结构

把 JK 触发器的 J 端和 K 端相接作为控制端 T，称

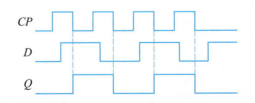

图 6-2-5　D 触发器的工作波形

为 T 触发器,如图 6-2-6 所示。

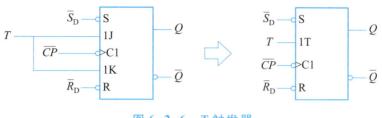

图 6-2-6　T 触发器

（2）逻辑功能

T 触发器相当于 JK 触发器在 $J=K$ 条件下的特殊电路。

$T=0$ 时,相当于 JK 触发器 $J=K=0$ 的情况,触发脉冲不起作用,触发器状态在触发前后保持不变,即 $Q^{n+1}=Q^n$；$T=1$ 时,相当于 JK 触发器 $J=K=1$ 的情况,每来一次触发脉冲,触发器翻转一次,即 $Q^{n+1}=\overline{Q^n}$。

（3）真值表

T 触发器真值表见表 6-2-3。

表 6-2-3　T 触发器真值表

T	Q^{n+1}	逻辑功能
0	Q^n	保持
1	$\overline{Q^n}$	翻转

当 $T=0$ 时,触发器无计数功能,时钟脉冲到来前后状态保持不变；当 $T=1$ 时,触发器具有计数功能,每来一个触发脉冲,触发器状态翻转一次。所以 T 触发器又称为可控计数触发器。若将 T 触发器的输入端 T 接成固定高电平"1",则 T 触发器就变成了翻转型的 T 触发器。

4. 集成触发器的功能识读

（1）集成 JK 触发器的逻辑功能识读

1）认识集成双 JK 触发器 HD74LS112。图 6-2-7 所示是集成双 JK 触发器 HD74LS112 的引脚图及实物图。

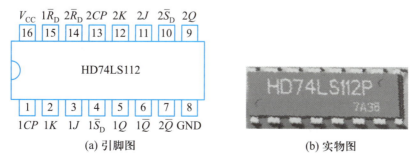

(a) 引脚图　　　　　　　　　　(b) 实物图

图 6-2-7　集成双 JK 触发器 HD74LS112

观察集成双 JK 触发器 HD74LS112 的实物外形,并与图 6-2-7a 所示的引脚图进行比较,正确区分两个 JK 触发器的信号输入端($1J$、$1K$、$2J$、$2K$)、触发器的状态输出端($1Q$、$1\overline{Q}$、$2Q$、$2\overline{Q}$)、时钟脉冲信号输入端($1CP$、$2CP$)、异步清零端($1\overline{R}_D$、$2\overline{R}_D$)、异步置数端($1\overline{S}_D$、$2\overline{S}_D$)、电源输入端(V_{CC})和接地端(GND)。

由此我们可以看出,集成双 JK 触发器 HD74LS112 内含两个独立的 JK 触发器,它们有各自独立的时钟信号 CP,复位、置位信号输入端($\overline{R}_D$、$\overline{S}_D$),共用一个电源。

2)功能识读。表 6-2-4 为 HD74LS112 的功能表,从功能表可以看出 HD74LS112 内的两个 JK 触发器是时钟脉冲 CP 下降沿有效(用"↓"表示)。复位、置位信号为低电平有效,也就是说,异步清零端 $\overline{R}_D = 0$ 时,触发器复位,即 $Q^{n+1} = 0$;异步置数端 $\overline{S}_D = 0$ 时,触发器置位,即 $Q^{n+1} = 1$。$\overline{R}_D = 1$、$\overline{S}_D = 1$ 时,触发器的输出状态在 CP 下降沿到来瞬间随触发信号 J、K 而变化。

表 6-2-4　HD74LS112 功能表

$\overline{R}_D$	$\overline{S}_D$	CP	J	K	Q^{n+1}	功能说明
0	1	×	×	×	0	清零
1	0	×	×	×	1	置1
1	1	↓	0	0	Q^n	保持
1	1	↓	0	1	0	置0
1	1	↓	1	0	1	置1
1	1	↓	1	1	$\overline{Q}^n$	翻转

(2)集成六 D 触发器的逻辑功能识读

1)认识集成六 D 触发器 CC40174。观察集成六 D 触发器 CC40174 的实物外形,并与图 6-2-8a 所示 CC40174 引脚图进行比较,正确区分六个 D 触发器的信号输入端($1D \sim 6D$)、触发器的状态输出端($1Q \sim 6Q$),时钟脉冲信号输入端 CP、异步清零端($\overline{R}_D$)、电源输入端(V_{DD})和接地端(V_{SS})。

(a)引脚图　　　　　　(b)实物图

图 6-2-8　集成六 D 触发器 CC40174

2）功能识读。表 6-2-5 为 CC40174 的功能表,从功能表可以看出 CC40174 内的 6 个 D 触发器是 CP 脉冲上升沿触发的。

表 6-2-5　CC40174 功能表

$\overline{R_D}$	CP	D	Q^{n+1}
0	×	×	0
1	↑	0	0
1	↑	1	1

注意,从表 6-2-5 可以看出,集成六 D 触发器 CC40174,当 $\overline{R_D}=0$ 时,无论 CP、D 为何种状态,触发器 D 的状态均为 0 态,也就是说所有触发器都将清零;当 $\overline{R_D}=1$ 时,在 $CP\uparrow$ 时刻,Q 随 D 发生变化,即 $D=1$ 时,$Q^{n+1}=1$;$D=0$ 时,$Q^{n+1}=0$。

▌任务实施

1. 四人抢答器电路原理图识读

四人抢答器电路原理图如图 6-2-9 所示。

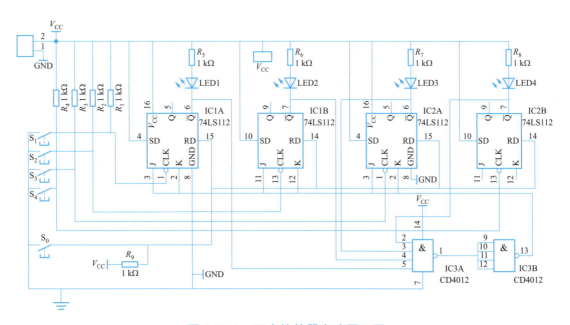

图 6-2-9　四人抢答器电路原理图

四位参赛者每人一个抢答按键,按动按键发出抢答信号,竞赛主持人有一个控制按键,用于将抢答信号复位。竞赛开始后,先按动按键者抢答成功,同时封锁另外 3 路按键,禁止其他参赛者抢答,参赛者抢答成功后对应的 LED 灯亮。

利用 JK 触发器的保持和翻转的逻辑功能,抢答前,四个触发器处于待翻转($J=K=1$)的状态,当选手按下抢答按键(发出 CP 脉冲),相应的触发器状态翻转,对应的 LED 灯亮,同时其他的触发器状态被锁定($J=K=0$),LED 灯保持熄灭。当主持人按下复位按键,所有触发器清零,LED 灯全灭,等待下一轮抢答。

按下复位键 S_0 时,各 JK 触发器被清零,$Q=0$,$\overline{Q}=1$,JK 触发器的输入 $J=K=\overline{Q_1}\,\overline{Q_2}\,\overline{Q_3}\,\overline{Q_4}=$ 1,LED1～LED4 均熄灭,触发器处于待翻转状态,抢答器进入工作状态,等待抢答按键被按下。

若按下抢答按键 S_1,CP 下降沿使触发器 FF1 翻转,输出 $\overline{Q_1}=0$,LED1 被点亮。这时输出信号反馈至各 JK 触发器的输入端,$J=K=\overline{Q_1}\,\overline{Q_2}\,\overline{Q_3}\,\overline{Q_4}=0$,各 JK 触发器处于保持状态。此时若有其他抢答键按下,触发器状态也不会发生翻转,这样 S_1 就实现了抢答。再次按下复位键 S_0,各 JK 触发器被清零,$\overline{Q}=1$,LED1～LED4 均保持熄灭,等待第二轮抢答。

2. 元器件及材料清单

元器件及材料清单见表 6-2-6,CD4012 和 74LS112 分别如图 6-2-10 和图 6-2-11 所示。

表 6-2-6　元器件及材料清单

序号	名称	型号规格	数量	元器件符号
1	电阻器	1 kΩ	9	$R_1 \sim R_9$
2	微动开关	6 mm×6 mm×5 mm	5	$S_0 \sim S_4$
3	JK 触发器	74LS112	2	IC1～IC2
4	与非门	CD4012	1	IC3
5	发光二极管	φ4 mm 红	4	LED1～LED4
6	印制电路板	4.6 cm×5 cm	1	

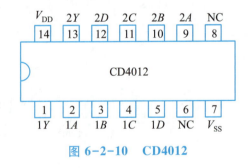

图 6-2-10　CD4012

图 6-2-11　74LS112

3. 电路连接

接线图如图 6-2-12 所示。

根据所提供的元器件清单和接线图(图 6-2-12),在印制电路板上完成电路焊接装配。

4. 电路测试

1) 接通电源,观察发光二极管的亮灭情况,填入表 6-2-7 中。

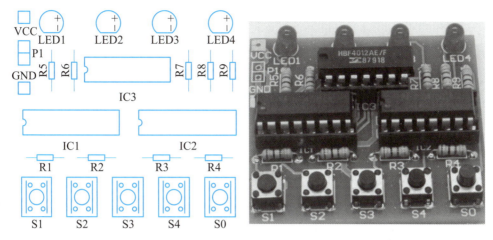

图 6-2-12 接线图

表 6-2-7 数据记录表

开关	LED1	LED2	LED3	LED4
按下 S_0				
按下 S_3				

2）接通电源，测试表 6-2-8 中所列引脚相关数据，并填入表中。

表 6-2-8 测试数据记录表

开关	$\overline{Q_1}$ IC1 6 脚	$\overline{Q_2}$ IC1 7 脚	$\overline{Q_3}$ IC2 6 脚	$\overline{Q_4}$ IC2 7 脚	1Y IC3 1 脚	2Y IC3 13 脚
按下 S_0						
按下 S_3						

3）功能测试。五人一组，其中一人作为主持人发出问题，另四人分别控制 S_1、S_2、S_3、S_4，对问题进行抢答。

计数器应用电路的制作与调试

课题描述

在本课题中,我们要熟悉 555 时基电路的引脚和逻辑功能,十进制集成计数器的外特性;通过 24 s 倒计时电路的制作与检测,掌握 555 时基电路和十进制集成计数器的应用,并能结合测试结果分析电路工作原理。

知识目标

1. 熟悉 555 时基电路的引脚和逻辑功能。

2. 了解 555 时基电路在生活中的应用实例。

3. 了解由 555 时基电路构成的多谐振荡器、单稳触发器、施密特触发器的原理。

4. 知道计数器的功能与分类,熟悉典型二进制集成计数器的外特性及应用。

5. 掌握十进制集成计数器的外特性。

技能目标

1. 能识别 555 时基电路的引脚并能熟知引脚作用。

2. 会对多谐振荡器、单稳触发器、施密特触发器的功能进行测试。

3. 认识集成译码显示器、十进制集成计数器引脚排列图及引出端功能图。

4. 会应用仪器仪表对具体应用电路进行调试与检测。

5. 会组装和调试 24 s 倒计时电路。

任务三 叮咚门铃电路的制作与调试 >>>

知识准备

1. 555 时基电路简介

555 时基电路的基准电压网络由三个阻值为 5 kΩ 的电阻器组成,故而得名。由于 555 时基电路将模拟电路和数字电路巧妙地结合在一起,因此被大量用于工业控制、仪器仪表、电子乐器、电子玩具等电路上,成为一种通用的功能电路。

（1）555 时基电路外形

555 时基电路引脚排列如图 6-3-1a 所示。其中 1 脚为接地端，2 脚为触发端，采用低电平触发，3 脚为输出端，4 脚为复位端，采用低电平触发，5 脚用于电压控制，6 脚为阈值端，7 脚为放电端，8 脚为电源端。555 时基电路有双极型和 CMOS 型两种，双极型输出功率大，驱动电流达 200 mA；CMOS 型功耗低，电源电压低，输入阻抗高，但输出功率小，驱动电流只有几毫安。图 6-3-1b 所示为 555 时基电路实物图。

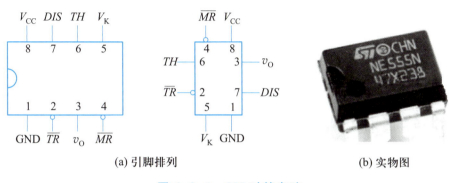

(a) 引脚排列   (b) 实物图

图 6-3-1 555 时基电路

（2）电路工作原理

555 时基电路的内部等效电路如图 6-3-2 所示。它含有两个电压比较器，一个负脉冲触发的基本 RS 触发器，一个放电开关管 VT，比较器的参考电压由三只 5 kΩ 电阻器构成的分压器提供。它们分别使高电平比较器 A_1 的同相输入和低电平比较器 A_2 的反相输入端的参考电平为 $2V_{CC}/3$ 和 $V_{CC}/3$。电压比较器 A_1 与 A_2 的输出端状态控制 RS 触发器状态和放电管开关状态。

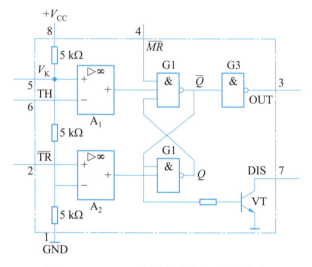

图 6-3-2 555 时基电路内部等效电路

1）当输入信号自 6 脚输入并超过参考电平 $2V_{CC}/3$ 时，A_1 输出低电平，相当于基本 RS 触发器复位，555 时基电路的输出端 3 脚（Q 端）输出低电平，$\overline{Q}$ 端输出高电平，同时放电开关管导通。

2）当输入信号自 2 脚输入并低于 $V_{CC}/3$ 时，A_2 输出低电平，触发器置位，555 时基电路的 3 脚（Q 端）输出高电平，$\overline{Q}$ 端输出低电平，同时放电开关管截止。$\overline{MR}$ 是复位端（4 脚），当 $\overline{MR}=0$，555 时基电路输出低电平，通常 $\overline{MR}$ 端开路或接 V_{CC}。

3）V_K 是控制电压端（5 脚），平时输出 $2V_{CC}/3$ 作为比较器 A_1 的参考电平，当 5 脚外接一个输入电压，即改变了比较器的参考电平，从而实现对输出的另一种控制；在不接外加电压时,通常接一个 0.01 μF 的电容器到地,起滤波作用,以消除外来的干扰,确保参考电平的稳定。

4) VT 为放电管,当 VT 导通时,将给接在 7 脚的电容器提供低阻放电通路。555 时基电路主要是与电阻、电容构成充放电电路,并由两个比较器来检测电容器上的电压,以确定输出电平的高低和放电开关管的通断,能构成从微秒到数十分钟的延时电路,可方便地连成单稳态触发器、多谐振荡器、施密特触发器等脉冲产生或波形变换电路。

5) 555 时基电路中,三个 5 kΩ 电阻的阻值严格相等,它们组成 555 时基电路的内部分压网络,由这个分压网络分别提供比较器 A_1、A_2 的基准电压。555 时基电路的输出级能输出 100~200 mA 的电流,可以直接驱动继电器、小型直流电动机,也可驱动低阻的扬声器。

6) 电路等效功能表

555 时基电路等效功能表见表 6-3-1。

表 6-3-1　555 时基电路等效功能表

输入			输出		功能
$\overline{MR}$	TH	$\overline{TR}$	Q	VT	
0	×	×	0	导通	直接清零
1	$>\dfrac{2}{3}V_{CC}$	$>\dfrac{1}{3}V_{CC}$	0	导通	置 0
1	$<\dfrac{2}{3}V_{CC}$	$<\dfrac{1}{3}V_{CC}$	1	截止	置 1
1	$<\dfrac{2}{3}V_{CC}$	$>\dfrac{1}{3}V_{CC}$	不变	不变	保持

2. 单稳态电路

电路输出的高电平和低电平中,其中一个是稳态,加触发信号后进入暂稳态,延时一段时间后又自动回到稳态,这种电路就称为单稳态电路。这个变化过程如图 6-3-3 所示。

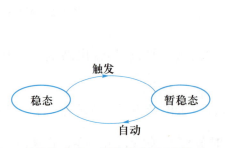

图 6-3-3　单稳态变化过程

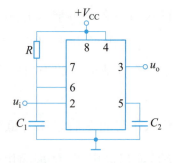

图 6-3-4　555 时基电路构成的单稳态触发器

(1) 电路组成及工作原理

图 6-3-4 所示为由 555 时基电路构成的单稳态触发器,它是利用电容的充放电形成暂

稳态的,因此它的输入端都带有定时电阻和定时电容,把6、7脚并联起来接到定时电容 C_1 上,2脚作为输入。

1）电源接通瞬间,电路的初态为 $0(Q=0,\overline{Q}=1)$,内部放电管导通,电容 C_1 不充电,2脚无输入信号,电路保持初态0,这是一个稳态。

2）当在2脚输入一个负脉冲（电平小于 $V_{CC}/3$）时,根据表6-3-1可知,将使 $Q=1$（暂稳态）,$\overline{Q}=0$,放电管截止,电源 V_{CC} 通过电阻 R 对电容 C_1 进行充电;当充电电压大于 $2V_{CC}/3$,将使 $Q=0$,$\overline{Q}=1$,放电管导通,电路又恢复稳态。

3）电路设计时必须要保证输入信号的周期 $T > t_W$,$t_W = RC_1\ln3 \approx 1.1RC_1$。

（2）工作波形

555时基电路构成的单稳态触发器的工作波形如图6-3-5所示。

单稳态触发器有一个稳态和一个暂稳态,暂稳态时间的长短,与触发脉冲无关,仅取决于电路本身的参数。它常用作定时、延时控制等。

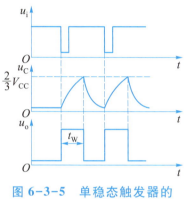

图 6-3-5　单稳态触发器的工作波形

3. 多谐振荡器

不需外加触发信号,电路的输出状态会在高、低电平两种状态间反复不停地翻转,没有稳定的状态,称为多谐振荡器,又称为无稳态电路。其变化过程如图6-3-6所示。

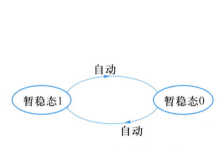

图 6-3-6　无稳态变化过程

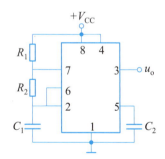

图 6-3-7　555 时基电路构成的多谐振荡器

（1）电路组成及工作原理

如图6-3-7所示为555时基电路构成的多谐振荡器电路。当电路刚接通电源时,由于 C_1 来不及充电,555时基电路的2脚处于零电平,输出端3脚为高电平,放电管截止,电源通过 R_1、R_2 向 C_1 充电到 $u_c \geq 2V_{cc}/3$ 时,输出端3脚由高电平变为低电平,放电管导通,电容 C_1 经 R_2 和内部电路的放电开关管放电,电容 C_1 两端电压下降,当电容 C_1 两端电压 $u_c \leq V_{cc}/3$ 时,输出端3脚又由低电平转变为高电平,此时电容再次充电,这种过程可周而复始地进行下去,形成自激振荡。改变电阻 R_1、R_2 和 C_1 的值,则可以改变输出信号的频率。

振荡频率

$$f=\frac{1.443}{(R_1+2R_2)C_1}$$

输出振荡波形的占空比

$$D=\frac{R_1+R_2}{R_1+2R_2}$$

当 R_2 远大于 R_1 时,则 $D=50\%$,即输出波形为方波。

(2)工作波形

555 时基电路构成的多谐振荡器工作波形如图 6-3-8 所示。

多谐振荡器常用于脉冲输出、声音报警、定时控制等。

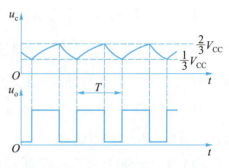

图 6-3-8 多谐振荡器工作波形

任务实施

1. 识读叮咚门铃电路原理图

由 555 时基电路构成多谐振荡器,通过按钮开关改变充放电的回路,从而改变了振荡频率,发出"叮"和"咚"的声音。电路如图 6-3-9 所示。

工作过程:

1)按下 S_1,VD2 导通,V_{CC} 经过 VD1、R_2、R_3 向电容 C_2 充电。

振荡频率:$f_1=1/(T_1+T_2)$,$T_1=0.693\times(R_2+R_3)\times C_2$,$T_2=0.693\times R_3\times C_2$,此时按 f_1 频率发声,扬声器发出"叮"的声音。

2)松开按钮 S_1,二极管 VD1、VD2 截止,C_1 通过 R_4 产生放电回路。放电至 $V_{CC}/3$ 时,555 时基电路复位,停止振荡。

振荡频率 $f_2=1/(T_1+T_2)$,$T_1=0.693\times(R_1+R_2+R_3)\times C_2$,$T_2=0.693\times R_3\times C_2$,此时按 f_2 频率发声,扬声器发出"咚"的声音,门铃维持声音的时间约为 $1.3\times R_4\times C_1$。"咚"声余音的长短可通过改变 R_4(或 C_1)的数值来改变。

2. 元器件选择

1)元器件及材料清单见表 6-3-2。

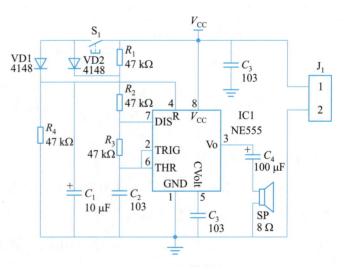

图 6-3-9 叮咚门铃电路

表 6-3-2　元器件及材料清单

序号	名称	型号规格	数量	元器件符号
1	555 时基电路	NE555	1	IC1
2	扬声器	8Ω/0.25 W	1	SP
3	按钮开关	6 mm×6 mm×5 mm	1	S_1
4	电阻器	47 kΩ	4	R_1、R_2、R_3、R_4
5	电容器	10 μF	1	C_1
6	电容器	103	2	C_2、C_3
7	电容器	100 μF	1	C_4
8	二极管	1N4148	2	VD1、VD2
9	IC 座	DIP 8 脚	1	IC1

2）测试 NE555 集成电路的好坏。

根据 555 时基电路的内部等效电路图 6-3-2,用万用表实际测量各脚之间的电阻,将阻值填入表 6-3-3 中。

表 6-3-3　NE555 引脚间电阻记录表

引脚	1 脚和 5 脚	5 脚和 8 脚	1 脚和 8 脚
理论值			
实测值			

3. 电路装接

印制电路板如图 6-3-10 所示。按要求完成电路装接。

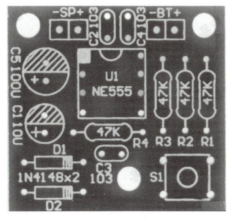

图 6-3-10　印制电路板

4. 电路测试

（1）NE555 各引脚电压测量

接通电源,用万用表直流电压挡测量 NE555 各引脚的电压,并填入表 6-3-4 中。

表 6-3-4 NE555 各引脚电压记录表

引脚	1	2	3	4	5	6	7	8
未按 S_1								
按下 S_1								

（2）用示波器观察 555 时基电路 2、3 脚的波形

1）按下 S_1，用双踪示波器测量 2、3 脚的波形，读出相关的参数填入表 6-3-5 中。

表 6-3-5 NE555 集成电路 2、3 脚的波形

波形	示波器 X 轴量程挡位	2 脚的波形频率
	示波器 Y 轴量程挡位	3 脚的波形频率

2）松开 S_1，用双踪示波器测量 2、3 脚的波形，读出相关的参数填入表 6-3-6 中。

表 6-3-6 NE555 集成电路 2、3 脚的波形

波形	示波器 X 轴量程挡位	2 脚的波形频率
	示波器 Y 轴量程挡位	3 脚的波形频率

▌知识拓展

施密特触发器

1. 施密特触发器简介

施密特触发器是脉冲数字系统中常用的电路，电路的特点是具有两个稳态，而且电路从第一稳态翻到第二稳态，及从第二稳态翻转到第一稳态，两次所需的触发电平不一样，即存在回差电压。施密特触发器是一种靠输入触发信号维持的双稳态电路。

（1）电路特点

施密特触发器电路具有两个稳态，当输入信号电压升高至上限触发电压 U_{TH} 时，电路翻

转到第二稳态;当输入触发信号降低至下限触发电压 U_{TL} 时,电路就由第二稳态翻回到第一稳态。回差电压 $\Delta U_{T} = U_{TH} - U_{TL}$。回差电压越大,施密特触发器的抗干扰性越强。施密特触发器的这种特性称为滞回特性。

（2）类型

施密特触发器有反相输出和同相输出两种类型,其图形符号和滞回特性曲线如图 6-3-11所示。

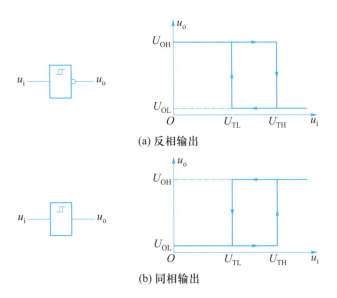

（a）反相输出

（b）同相输出

图 6-3-11　施密特触发器图形符号和滞回特性曲线

（3）工作波形

如图 6-3-12 所示,当输入三角波时,根据施密特触发器的电压传输特性,可得到对应的施密特触发器的输出波形。

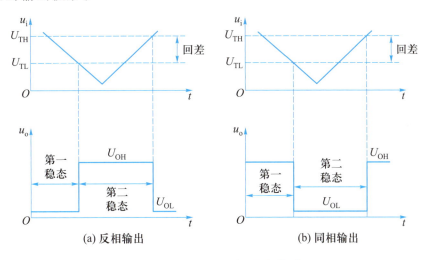

（a）反相输出　　　　　　　　　　（b）同相输出

图 6-3-12　施密特触发器输出波形图

2. 555 时基电路构成的反相输出施密特触发器

555 时基电路构成的反相输出施密特触发器电路图及滞回特性曲线如图 6-3-13 所示。

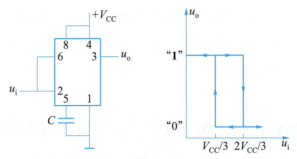

**图 6-3-13　555 时基电路构成的反相输出
施密特触发器电路图及滞回特性曲线**

当输入信号 $u_i < \frac{1}{3}V_{CC}$ 时,输出端为高电平。随着 u_i 的增加,当 $u_i > \frac{2}{3}V_{CC}$ 时,电路翻转,输出端为低电平,$u_o = 0$。u_i 继续增加,电路保持原状态。随着 u_i 的减小,当 $u_i < \frac{1}{3}V_{CC}$ 时,电路状态又翻转,输出高电平,$u_o = V_{CC}$。

3. 施密特触发器的应用

施密特触发器常用于电子开关控制电路、波形的变换和整形电路。如图 6-3-14 所示,施密特触发器用于波形变换电路,可将正弦波转换为矩形波。

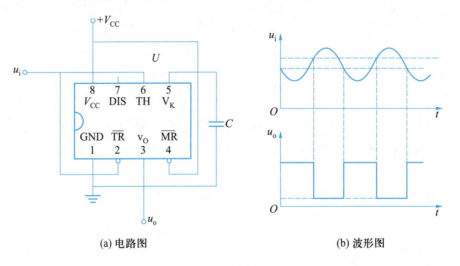

(a) 电路图　　　　　　　　　(b) 波形图

图 6-3-14　波形变换电路

任务四　24 s 倒计时电路的制作与调试 >>>

知识准备

1. 计数器概述

在数字系统中,往往需要对脉冲的个数进行计数,能够完成计数工作的数字电路称为计数器。计数器广泛用于分频、定时、延时、顺序脉冲发生和数字运算等。

（1）计数器分类

按计数进位体制不同，计数器可分为二进制计数器、十进制计数器和 N 进制计数器；按计数增减，计数器可分为加法计数器、减法计数器和可逆计数器；按 CP 脉冲引入方式不同，计数器可分为同步计数器、异步计数器。

（2）计数器的基本工作原理

图 6-4-1 所示是一个三位二进制加法计数器的组成框图。计数前先将计数器进行清零，即 $Q_2Q_1Q_0 = 000$，之后，计数器对 CP 脉冲进行计数，输出 Q_2、Q_1、Q_0 按二进制规律变化。当第七个脉冲到来时，$Q_2Q_1Q_0 = 111$，当第八个脉冲到来时，$Q_2Q_1Q_0 = 000$，同时产生进位信号。三位二进制加法计数器的状态变化见表 6-4-1。

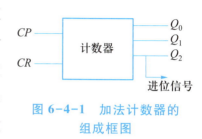

图 6-4-1 加法计数器的组成框图

表 6-4-1 三位二进制加法计数器状态变化

CP	Q_2	Q_1	Q_0
0	0	0	0
1	0	0	1
2	0	1	0
3	0	1	1
4	1	0	0
5	1	0	1
6	1	1	0
7	1	1	1
8	0	0	0

2. 二进制计数器

（1）异步二进制加法计数器

图 6-4-2 所示为三位异步二进制加法计数器，其结构特点是低位触发器 Q 端接至高位触发器的 C1 端，各触发器的状态变化不是与 CP 脉冲同步，因此是异步的。各触发器的 $JK = 11$，$Q^{n+1} = \overline{Q^n}$，具有翻转功能。

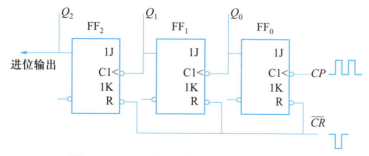

图 6-4-2 三位异步二进制加法计数器

1）计数之前先使$\overline{CR}=0$（加一个负脉冲），使各触发器置0，即$Q_2Q_1Q_0=000$，这一过程称为清零或复位。

2）时钟脉冲CP输入后，各触发器翻转时刻及条件见表6-4-2。

表6-4-2 触发器翻转时刻及条件

触发器	翻转时刻	JK 逻辑关系
FF_0	$CP\downarrow$	$J_0=K_0=1$
FF_1	触发器	$J_1=K_1=1$
FF_2	$Q_1\downarrow$	$J_2=K_2=1$

当第1个CP脉冲输入后，触发器FF_0由0态变为1态，即Q_0由0变1，此时对触发器FF_1触发无效，Q_1状态不变，同时Q_2状态也保持不变。

当第2个CP脉冲输入后，触发器FF_0由1态变为0态，即Q_0由1变0，此时对触发器FF_1触发有效，Q_1状态由0变1，这一变化对FF_2触发无效，Q_2状态保持不变。

依此类推，当第8个CP脉冲到来后，三个触发器的状态全部变为0态，并产生一个向高位的进位信号，计数器的工作状态变化见表6-4-1。

（2）同步二进制加法计数器

图6-4-3所示为三位同步二进制加法计数器电路。CP脉冲是同时加到各触发器的，各触发器状态变化与CP脉冲同步，因此是同步计数器。

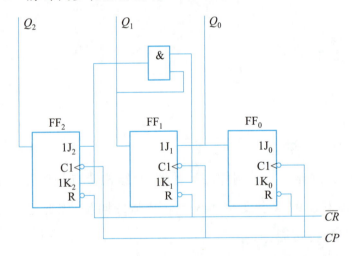

图6-4-3 三位同步二进制加法计数器电路

计数之前各触发器清零，即$Q_2Q_1Q_0=000$。各触发器的翻转条件为：触发器FF_0的$J_0=K_0=1$，每来一次CP脉冲，FF_0状态就改变一次，触发器FF_1在$J_1=K_1=Q_0=1$时状态改变，触发器FF_2在$J_2=K_2=Q_1Q_0=1$时状态改变。触发器的翻转条件见表6-4-3。

表 6-4-3　触发器的翻转条件

触发器	翻转时刻及条件	JK 逻辑关系
FF_0	$CP\downarrow$	$J_0=K_0=1$
FF_1	$CP\downarrow, Q_0=1$	$J_1=K_1=Q_0$
FF_2	$CP\downarrow, Q_0Q_1=1$	$J_2=K_2=Q_0Q_1$

时钟脉冲 CP 输入后,各触发器的工作状态变化见表 6-4-1。

3. 十进制计数器

在日常生活中,人们习惯使用的是十进制计数,因此需要把二进制计数转换成十进制计数功能的计数器。

图 6-4-4 所示为由 JK 触发器组成的十进制加法计数器。

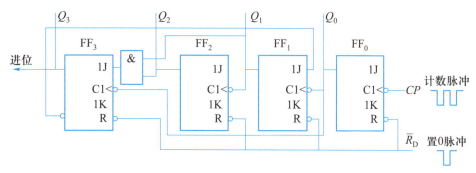

图 6-4-4　十进制加法计数器电路

（1）翻转条件

各触发器的翻转条件见表 6-4-4。

表 6-4-4　各触发器翻转条件

触发器	翻转时刻	JK 逻辑关系
FF_0	$CP\downarrow$	$J_0=K_0=1$
FF_1	$Q_0\downarrow$	$J_1=\overline{Q_3}, K_1=1$
FF_2	$Q_1\downarrow$	$J_2=K_2=1$
FF_3	$Q_0\downarrow$	$J_3=Q_2Q_1, K_3=1$

先置 $Q_3Q_2Q_1Q_0=0000$;第一个脉冲出现时, $Q_3Q_2Q_1Q_0=0001$;第二个脉冲出现时, $Q_3Q_2Q_1Q_0=0010$……第八个脉冲出现时, $Q_3Q_2Q_1Q_0=1000$;第九个脉冲出现时, $Q_3Q_2Q_1Q_0=1001$;当第十个脉冲出现时, Q_0 由 1 变 0,这一负跳变对 FF_1 和 FF_3 触发有效,因 $J_1=0$,故 $Q_1=0$,而 FF_3 的 $J_3=Q_2Q_1=0$,故 Q_3 由 1 变 0, Q_1 由于没有输出负脉冲,故 Q_2 仍保持 0 态,因此 $Q_3Q_2Q_1Q_0=0000$, Q_3 输出进位脉冲,完成 8421BCD 编码的十进制计数过程。

（2）工作状态表

各触发器的状态变化见表6-4-5。

表 6-4-5　各触发器的状态变化

CP	Q_3	Q_2	Q_1	Q_0
0	0	0	0	0
1	0	0	0	1
2	0	0	1	0
3	0	0	1	1
4	0	1	0	0
5	0	1	0	1
6	0	1	1	0
7	0	1	1	1
8	1	0	0	0
9	1	0	0	1
10	0	0	0	0

（3）工作波形图

十进制计数器工作波形图如图6-4-5所示。

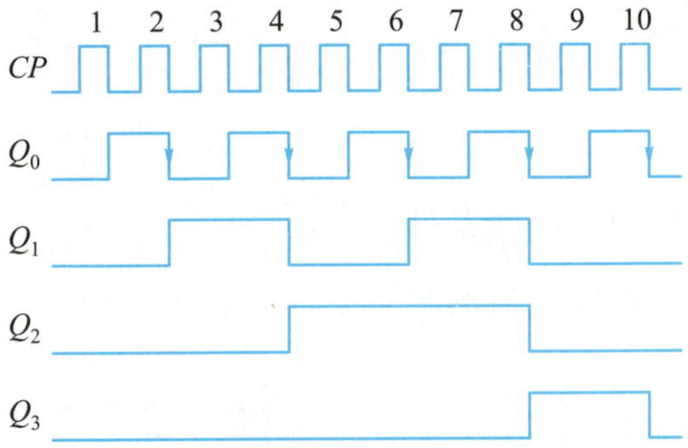

4. 集成计数器

集成计数器是将触发器及有关门电路集成在一块芯片上，使用方便且便于扩展，因而得到广泛应用。下面以74HC192（74LS192）为例介绍集成计数器的使用方法。

74HC192 和 74LS192 都是可预置 BCD 可逆计数器，引脚排列一样，74HC192 是 CMOS 器件，电源电压为 2～6 V，74LS192 是 TTL 器件，电源电压 5 V。

74HC192 是双时钟方式的可逆十进制计数器，常可用来构成倒计时计数器，比如我们常见的交通信号灯等，如图6-4-6所示。

图 6-4-5　十进制计数器工作波形图

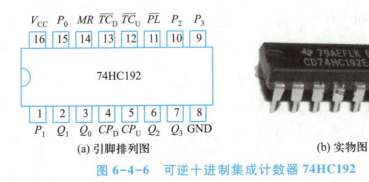

(a) 引脚排列图　　　　　　　(b) 实物图

图 6-4-6　可逆十进制集成计数器 74HC192

74HC192 功能见表 6-4-6。

表 6-4-6　74HC192 功能

输入								输出				功能
MR	$\overline{PL}$	CP_U	CP_D	P_0	P_1	P_2	P_3	Q_0	Q_1	Q_2	Q_3	
1	×	×	×	×	×	×	×	0	0	0	0	清零
0	0	×	×	d0	d1	d2	d3	d0	d1	d2	d3	预置
0	1	1	1	×	×	×	×	保持				保持
0	1	↑	1	×	×	×	×	加计数				加计数
0	1	1	↑	×	×	×	×	减计数				减计数

功能说明:$MR=1$ 时,无论 CP_U、CP_D 情况如何,所有计数输出都将清零。$MR=0$,$\overline{PL}=0$ 时,置数,与 CP_U、CP_D 无关。当计数上溢(1001)并且 CP_U 为低电平时,进位输出 $\overline{PL}$ 产生一个低电平脉冲,当计数下溢(0000)并且 CP_D 为低电平时,借位输出 $\overline{TC}_D$ 产生一个低电平脉冲。74HC192 无需外电路就能级联,分别把 $\overline{TC}_D$、$\overline{TC}_U$ 接到后一级的 CP_U、CP_D 即可。

需要注意的是,预置、清零(复位)都有同步和异步之分。同步预置方式是指 $\overline{PL}=0$ 且下一个 CP 有效边沿到来时完成预置;异步预置方式是指 $\overline{PL}=0$ 后立即将预置数据送入各触发器,与 CP 无关。同步清零方式是用清零信号与时钟信号 CP 配合完成;异步清零方式是用清零信号直接完成,与 CP 无关。

任务实施

1. 电路原理图识读

(1) 电路组成框图

24 s 倒计时电路由秒脉冲发生器、计数器、译码器、显示电路和报警电路等部分组成,如图 6-4-7 所示。电路原理图如图 6-4-8 所示。

(2) 电路工作原理

当按下开始按钮时,计数器以秒为单位从 24 递减到 0,之后从 0 变成 24 暂停。由 NE555 定时器输出秒脉冲经过 R_3 输入到计数器 IC4 的 CP_D 端,作为减计数脉冲。当个位计数器计数计到 0 时,IC4 的 13 脚输出借位脉冲使十位计数器 IC3 开始计数。当计数器计数到"00"时,应使计数器复位并置数"24"。当计数器由"00"跳变到"99"时,通过与非门 (IC5C) 去触发 RS 触发器使电路翻转,从 IC5 的 11 脚输出低电平使计数器置数,并保持为"24",同时发光二极管亮,蜂鸣器发出报警声。按下 S_1 时,RS 触发器翻转,IC5 的 11 脚输出

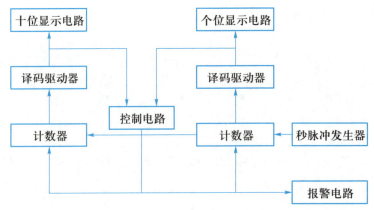

图 6-4-7　24 s 倒计时电路组成

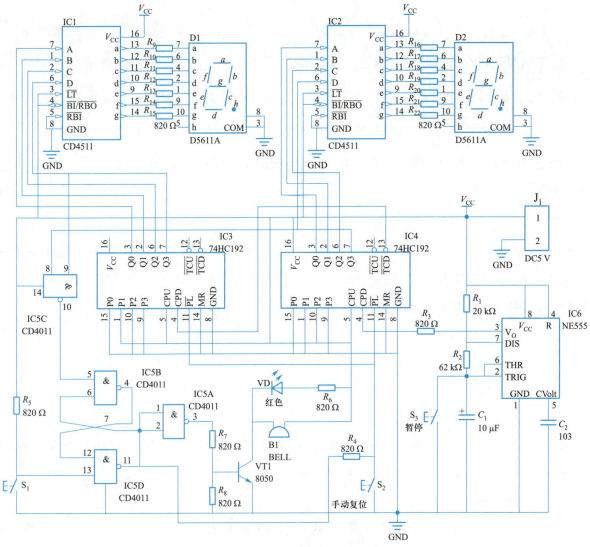

图 6-4-8　24 s 倒计时电路原理图

高电平,计数器又开始倒计时计数。

1) S_1:启动按钮。S_1 处于断开位置,当计数器递减计数到零时,控制电路发出声、光报警信号,计数器保持"24"状态不变,处于等待状态。当 S_1 闭合时,计数器开始计数。

2) S_2:手动复位按钮。当按下 S_2 时,不管计数器工作于什么状态,计数器立即复位到预置数值,即"24"。当松开 S_2 时,计数器从 24 开始计数。

3) S_3:暂停按钮。当 S_3 闭合时,计数器暂停计数,显示器保持不变,当 S_3 断开时,计数器继续计数。

2. 元器件及材料清单

元器件及材料清单见表6-4-7。

表6-4-7　元器件及材料清单

序号	名称	型号规格	数量	元器件符号
1	电阻	1/4W 20 kΩ	1	R_1
2	电阻	1/4W 62 kΩ	1	R_2
3	贴片电阻	0603-820 Ω	20	$R_3 \sim R_{22}$
4	电解电容	10 μF/10~50V	1	C_1
5	瓷片电容	103	1	C_2
6	发光二极管	φ5 mm 发红光	1	VD
7	三极管	8050	1	VT1
8	集成电路	CD4511	2	IC1、IC2
9	集成电路	CD4011	1	IC5
10	集成电路	NE555	1	IC6
11	贴片集成电路	贴片 74HC192	2	IC3、IC4
12	IC 座	16P 集成电路座	2	IC1、IC2
13	IC 座	14P 集成电路座	1	IC5
14	IC 座	8P 集成电路座	1	IC6
15	有源蜂鸣器	12 mm 有源蜂鸣器	1	B1
16	数码管	0.5 in 共阴数码管	2	D1、D2
17	微动开关	6 mm×6 mm×4 mm	3	S_1、S_2、S_3
18	接线端子	301-2P	1	J_1
19	印制电路板	5.42 cm×4.76 cm 双面	1	

3. 电路装接

根据电路原理图和装配图(图6-4-9)进行焊接装配,该电路采用双面板装配。要求不漏装、错装,不损坏元器件,无虚焊,漏焊和搭锡,元器件排列整齐并符合工艺要求。

安装注意:单元电路中的集成电路须装配在插座上,电路中所有集成电路、发光二极管、三极管、蜂鸣器、电解电容、数码管均为有极性元件,不能装反方向。

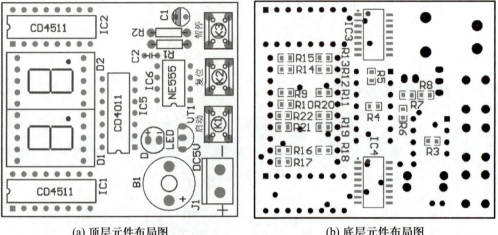

(a) 顶层元件布局图   (b) 底层元件布局图

图 6-4-9   电路装配图

4. 通电试验

装接完毕,检查无误后,方可对单元电路进行通电测试,如有故障应自行排除。

(1) 检查电路

对照电路图检查电路,首先查看电源是否接错,然后检查各芯片是否安装牢固,各芯片的方向有无装反,有极性的元器件的引脚有无装错。

(2) 接通电源观察

接通电源,如果出现异常现象立即关闭电源,排除故障点。

(3) 对各个功能电路的检测

观察各个单元电路是否能够正常工作,闭合开关,观察显示结果是否正确。

5. 电路测试

1) 将稳压电源的输出电压调整为 +5 V 接入电路,用万用表测试各关键点的电位,记录在表 6-4-8 中。

表 6-4-8   测试点数据记录表

测试点	(IC1)16 脚	(IC3)16 脚	(IC5)11 脚	(VT1)集电极
电位/V				

2) 用示波器测 IC6 的 3 脚波形,记录在表 6-4-9 中。

3) 按下 S_2,测量集成块 IC3、IC4、IC1、IC2 各脚电位,填入表 6-4-10 中。

此时数码管 D2 显示_____,数码管 D1 显示_____。

4) 按下 S_1,计数开始,当倒计数完成时,蜂鸣器报警,发光二极管发光,VT1 处于_____状态。

表 6-4-9 IC6 的 3 脚波形记录表

波形	波形的最高电位	波形周期
	示波器 X 轴量程挡位	波形频率

表 6-4-10 测试点数据记录表

集成块	引脚						
	11 脚	14 脚	4 脚	7 脚	6 脚	2 脚	3 脚
IC3							
IC4							

集成块	引脚						
	13 脚	12 脚	11 脚	10 脚	9 脚	15 脚	14 脚
IC1							
IC2							

知识拓展

寄 存 器

寄存器是时序逻辑电路的一种,它的功能是存储数码或信息。寄存器由触发器和具有控制作用的门电路组成。一个触发器能存放一位二进制数码,N 个触发器可存放 N 位数码。寄存器按其功能可分为数码寄存器和移位寄存器。

1. 数码寄存器

具有接收、暂存和清除原有数码的器件称为数码寄存器。数码寄存器存取数码的方式为并行,在一个时钟脉冲控制下,各位数码同时存入或取出,即并行输入、并行输出。如图 6-4-10 所示,由四个 D 触发器构成的四位数码寄存器,CP 输入端连在一起,受 CP 时钟脉冲同步控制,$D_0 \sim D_3$ 是并行的数码输入端,$Q_0 \sim Q_3$ 是并行的输出端,当 CP 脉冲上升沿到来时,$Q_0 Q_1 Q_2 Q_3 = D_0 D_1 D_2 D_3$。

2. 移位寄存器

移位寄存器除了具有寄存数码的功能外,还具有移位的功能,即在移位脉冲的作用下,能把寄存器中的数码依次向右或向左移动,因此常把它分为左移寄存器、右移寄存器和

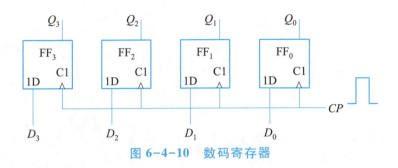

图 6-4-10　数码寄存器

双向移位寄存器。根据数据输入、输出方式的不同,可将它分为串行输入-串行输出、串行输入-并行输出、并行输入-串行输出、并行输入-并行输出四种结构。

（1）右移寄存器

右移寄存器电路如图 6-4-11 所示,各触发器的输出端与右边的触发器的输入端相接,共用一个 CP 脉冲。

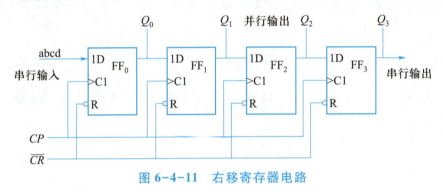

图 6-4-11　右移寄存器电路

设串行输入的数码是 abcd,则

第 1 个 CP 上升沿出现前,$Q_0Q_1Q_2Q_3 = 0000$,$D_0D_1D_2D_3 = d000$。

第 1 个 CP 上升沿出现时,$Q_0Q_1Q_2Q_3 = d000$,$D_0D_1D_2D_3 = cd00$。

第 2 个 CP 上升沿出现时,$Q_0Q_1Q_2Q_3 = cd00$,$D_0D_1D_2D_3 = bcd0$。

第 3 个 CP 上升沿出现时,$Q_0Q_1Q_2Q_3 = bcd0$,$D_0D_1D_2D_3 = abcd$。

第 4 个 CP 上升沿出现时,$Q_0Q_1Q_2Q_3 = abcd$。

每来一个时钟脉冲,数码就向右移动一位,四个时钟脉冲后,四位数码全部右移到四位寄存器中,状态表见表 6-4-11。

表 6-4-11　右移寄存器状态表

CP	$\overline{CR}$	输出				移位过程
		Q_0	Q_1	Q_2	Q_3	
0	0	0	0	0	0	清零
1	1	d	0	0	0	右移 1 位
2	1	b	d	0	0	右移 2 位
3	1	c	b	d	0	右移 3 位
4	1	a	c	b	d	右移 4 位

（2）左移寄存器

左移寄存器和右移寄存器类似，只是数码的移位顺序是自右向左。左移寄存器电路如图 6-4-12 所示。工作原理和左移寄存器相同，它的状态表见表 6-4-12。

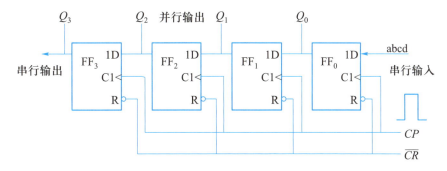

图 6-4-12　左移寄存器电路

表 6-4-12　左移寄存器状态表

CP	$\overline{CR}$	输出				移位过程
		Q_0	Q_1	Q_2	Q_3	
0	0	0	0	0	0	清零
1	1	0	0	0	a	左移 1 位
2	1	0	0	a	b	左移 2 位
3	1	0	a	b	c	左移 3 位
4	1	a	b	c	d	左移 4 位

（3）双向移位寄存器

具有双向移位功能的寄存器称为双向移位寄存器。集成移位寄存器 74LS194 是具有左移位、右移位，数据并入/并出、串入/串出等功能的四位双向移位寄存器，如图 6-4-13 所示。

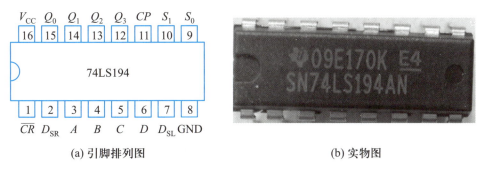

(a) 引脚排列图　　　　　　　　　　(b) 实物图

图 6-4-13　集成移位寄存器 74LS194

74LS194 功能见表 6-4-13 所示。其中，S_1、S_0 为工作方式控制端，$\overline{CR}$ 为寄存器清零（低电平有效），正常工作时 $\overline{CR}$ 端接高电平，D_{SR} 为右移输入端，D_{SL} 为左移输入端。

表 6-4-13　74LS194 功能

$\overline{CR}$	CP	S_1	S_0	功能
0	×	×	×	清零
1	↑	0	0	保持
1	↑	0	1	右移
1	↑	1	0	左移
1	↑	1	1	并行输入

用 74LS194 可以构成环形脉冲分配器,如图 6-4-14 所示。设 $DCBA = 0001$,在 CP 上升沿,$S_1S_0 = 11$ 并行输入,$Q_3Q_2Q_1Q_0 = DCBA = 0001$;工作时 $S_1S_0 = 01$,即处于右移工作方式,$D_{SR} = Q_3 = 0$,$D_{SR} \to Q_0$,$Q_0 \to Q_1$,依此类推。第 1 个 $CP\uparrow$:$Q_3Q_2Q_1Q_0 = 0010$,$D_{SR} = 0$;第 2 个 $CP\uparrow$:$Q_3Q_2Q_1Q_0 = 0100$,$D_{SR} = 0$;第 3 个 $CP\uparrow$:$Q_3Q_2Q_1Q_0 = 1000$,$D_{SR} = 1$;第 4 个 $CP\uparrow$:$Q_3Q_2Q_1Q_0 = 0001$,回到初始状态。

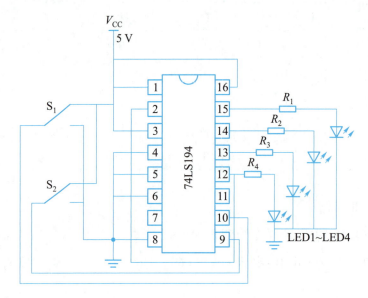

图 6-4-14　环形脉冲分配器

寄存器状态转换按顺序反复循环,$Q_3 \sim Q_0$ 各输出端轮流分配一个矩形脉冲,LED1 ~ LED4 依次发光,又称为环形计数器,波形图如图 6-4-15 所示。

图 6-4-15　波形图

思考与练习

一、判断题

1. 基本 RS 触发器对输入信号没有约束。（　　）

2. 由与非门构成的基本 RS 触发器和由或非门构成的基本 RS 触发器的逻辑功能是相同的。（　　）

3. RS 触发器的约束条件 $RS=0$ 表示不允许出现 $R=S=1$ 的情况。（　　）

4. 当 $\overline{R}_{\mathrm{D}}=0$，$\overline{S}_{\mathrm{D}}=0$ 时，基本 RS 触发器的 Q、$\overline{Q}$ 状态不确定。（　　）

5. 同步 RS 触发器在 $CP=1$ 时，才依据 R、S 信号的变化来改变输出的状态。（　　）

6. 同步 RS 触发器存在空翻现象，而主从触发器能克服空翻现象。（　　）

7. 边沿触发器是指触发器的状态在 CP 脉冲的边沿处发生翻转。（　　）

8. JK 触发器是触发器中功能最全的一种。（　　）

9. D 触发器是 JK 触发器在 $J=K$ 时的状态。（　　）

10. 存储 4 位二进制代码需要 2^4 个触发器。（　　）

11. 同步计数器的计数速度比异步计数器的计数速度快。（　　）

12. N 位二进制加法计数器有 2^N-1 个状态，最大计数值是 2^N。（　　）

13. 一个五进制计数器至少需要五个触发器才能构成。（　　）

14. 每输入一个触发脉冲，数码寄存器中只有一个触发器翻转。（　　）

15. 移位寄存器既可并行输出也可串行输出。（　　）

二、选择题

1. 基本 RS 触发器改进为同步 RS 触发器，主要解决了＿＿＿＿。

A. 输入端的约束问题　　　　　　　　B. 计数时的空翻问题

C. 输出状态不定问题　　　　　　　　D. 输入端的直接控制问题

2. 钟控同步 RS 触发器状态的翻转发生在 CP 脉冲的＿＿＿＿。

A. 上升沿瞬间　　B. 下降沿瞬间　　C. CP 为 1 期间　　D. CP 为 0 期间

3. 时钟脉冲 CP 有效时，若 JK 触发器的状态由"0"翻转到"1"，则此时的输入 JK 必定为＿＿＿＿。

A. $J=0$　　　　　B. $K=1$　　　　　C. $K=0$　　　　　D. $J=1$

4. 主从 JK 触发器的初始状态为 0，当 $JK=11$ 时，经过 $2n+1$ 个脉冲后，输出状态是＿＿＿＿。

A. 一直为 0　　　　　　　　　　　　B. 在 0 和 1 之间翻转，最后为 0

C. 一直为 1　　　　　　　　　　　　D. 在 0 和 1 之间翻转，最后为 1

5. D 触发器的 D 端和 $\overline{Q}$ 端相连，D 触发器的初态为"1"，试问经过 2020 个时钟脉冲后触发器的状态为_____。

　　A. 1　　　　　　　B. 0　　　　　　　C. 不定状态　　　　D. 高阻状态

6. 用二进制异步加法计数器从 0 计数到 60,至少需要触发器的个数是_____。

　　A. 5　　　　　　　B. 6　　　　　　　C.　7　　　　　　　D. 8

7. 一个计数器的状态变化为 000→001→010→011→100→000,则该计数器是_____。

　　A. 五进制加法计数器　　　　　　　　B. 五进制减法计数器

　　C. 六进制加法计数器　　　　　　　　D. 六进制减法计数器

8. 已知题图 6-1 中,Q_1 端的信号频率是 f_0,那么 CP 脉冲的频率是_____。

　　A. $f_0/2$　　　　　　B. $f_0/4$　　　　　　C. $2f_0$　　　　　　D. $4f_0$

9. 七段 LED 数码管,当译码器七个输出状态为 $abcdefg = 1011111$ 时(高电平有效),输入应为_____。

　　A. 0011　　　　　　B. 0110　　　　　　C. 0100　　　　　　D. 1001

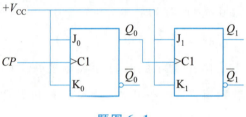

题图 6-1

10. n 位二进制计数器,最后一个触发器输出的脉冲频率是输入脉冲频率的_____倍。

　　A. n　　　　　　　B. $2n$　　　　　　C. 2^{-n}　　　　　　D. 2^n

11. 如题图 6-2 所示,设触发器的初态 $Q_1Q_2 = 00$,经过三个 CP 脉冲后,Q_1、Q_2 的状态为_____。

　　A. 00　　　　　　　B. 01　　　　　　　C. 10　　　　　　　D. 11

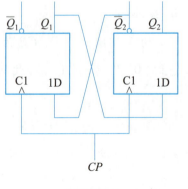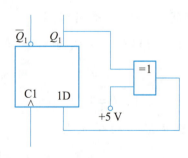

题图 6-2　　　　　　　　　　　　　题图 6-3

12. 如题图 6-3 所示,由 D 触发器构成的电路具有的功能是_____。

　　A. 计数　　　　　　B. 置零　　　　　　C. 置 1　　　　　　D. 保持

13. 一个七段 LED 数码管电路,输入高电平时数码管发光,当输入 $abcdefg$ 为 1111001 时,该数码管显示的十进制数为_____。

A. 1　　　　　　　　B. 2　　　　　　　　C. 3　　　　　　　　D. 6

14. 某移位寄存器的数码是从被存放的二进制数的高位开始输入的,则该寄存器是_____。

A. 数码寄存器　　　B. 左移寄存器　　　C. 右移寄存器　　　D. 双向移位寄存器

15. 如果一个寄存器的数码是"同时输入、同时输出",则该寄存器采用_____。

A. 串行输入和输出　　　　　　　　B. 并行输入和输出

C. 串行输入、并行输出　　　　　　D. 并行输入、串行输出

三、填空题

1. 触发器有_____个稳态,存储 8 位二进制信息需要_____个触发器。

2. 钟控同步 RS 触发器,初始状态 $Q^n = 0$,当 $CP = 1$,$RS = 10$ 时,$Q^{n+1} =$_____。

3. 主从 JK 触发器的初始状态 $Q^n = 0$,当 $JK = 00$ 时,经过 2020 个脉冲后,$Q^{n+1} =$_____;当 $JK = 11$ 时,经过 2021 个脉冲后,$Q^{n+1} =$_____。

4. 由 D 触发器构成的二分频电路,需要把 D 端和_____端相连。

5. 时序电路的组成除有_____之外,还包含有_____。常见的时序电路的存储电路由_____构成。

6. 在触发器中,R_D、S_D 端可以根据需要预先将触发器置_____或置_____,而不受_____的同步控制。

7. 将 JK 触发器的 J、K 端接电源,从 CP 端输入频率为 80 kHz 的脉冲信号,则 Q 端输出信号的频率为_____。

8. 3 位移位寄存器,经过_____个脉冲后并行输出,经过_____个脉冲后串行输出。

9. 具有 8 个触发器的异步二进制计数器,能表达的状态有_____种。

10. 一个 4 位 8421BCD 码十进制加法计数器,若初始状态为 0000,输入第 7 个 CP 脉冲后,计数器状态为_____,输入第 12 个脉冲后,计数器状态为_____。

11. 单稳态触发器的暂态持续时间取决于_____,与外触发信号的宽度无关。

12. 555 时基电路的 4 脚为复位端,在正常工作时应接_____(高、低)电平。

13. 对于共阴极数码管,输入端为_____(高、低)电平,对应的段码发光。

14. 移位寄存器的输入方式是_____,移位寄存器的输出方式有_____、_____。

15. 若将十进制数 15 存入一个移位寄存器中,所需的 CP 脉冲的个数是_____。

四、问答与计算题

1. 试用 555 时基电路设计一个单稳态触发器,要求定时宽度 $T_W = 11$ ms,选择电阻、电容参数,并画出接线图。

2. 怎样用万用表检测数码管的好坏？怎样区分共阴和共阳？

3. 电路如题图 6-4 所示,设触发器的初态为 1,试分别画出 a、b、c、d 四个触发器 Q 端的波形。

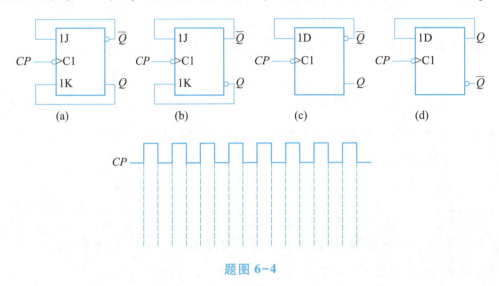

题图 6-4

4. 试分析如题图 6-5 所示的计数器的工作原理,它是多少进制的计数器? 若初始 $Q_1 Q_0 = 00$,试画出在连续四个 CP 作用下计数器的 Q_1、Q_0 的工作波形图,并列出状态表。

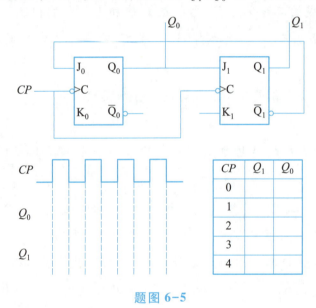

題图 6-5

5. 分析题图 6-6 所示时序电路构成了几进制计数器,列出状态表。

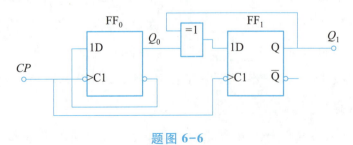

题图 6-6

单元七

电子技术综合应用电路的制作与调试

学习目标

1. 了解部分新型小电子产品的结构和装配工艺。

2. 熟悉常用电子元件的特性与使用方法。

3. 理解小电子产品电路构成与工作原理。

4. 掌握排除小电子产品简单故障的方法。

5. 会使用常用仪器对小电子产品的电路进行调试和测量。

任务一　简易红外测距电路的组装与调试 >>>

知识准备

1. 红外发射二极管

红外发射二极管又称为红外发光二极管,其外形和发光二极管相似,只是发出的光线是人眼不能识别的红外光,常见的波长主要有 850 nm 和 940 nm 两种,也有其他波长的。管压降约 1.4 V,工作电流一般小于 20 mA。为了适应不同的工作电压,回路中常常串有限流电阻。一般的红外发射二极管为透明封装(图 7-1-1),也有采用黑色胶体滤光封装的,这种红外发射二极管与接收二极管外观非常相似,使用时需注意区别。红外发射二极管的图形符号如图 7-1-2 所示,与普通发光二极管一样,正常时处于正向导通状态,电流流过红外发射二极管时,红外发射二极管发出红外线。用万用表测量红外发射二极管的方法与测量普通发光二极管一样。

图 7-1-1　红外发射二极管　　　　　图 7-1-2　红外发射二极管图形符号

2. 红外接收二极管

红外接收二极管一般采用黑胶封装(图 7-1-3),主要目的是滤除其他非红外光线的干扰,使接收到的光线主要是红外线,红外接收二极管的图形符号如图 7-1-4 所示,工作于反向状态,没有接收到红外信号时,红外接收二极管呈高阻状态,当接收到红外信号时,红外接收二极管的电阻减小,根据此特性可以用万用表对其性能进行测量。

图 7-1-3　红外接收二极管　　　　　图 7-1-4　红外接收二极管图形符号

3. 简易红外测距电路的组成与工作原理

（1）电路图

简易红外测距电路图如图 7-1-5 所示。

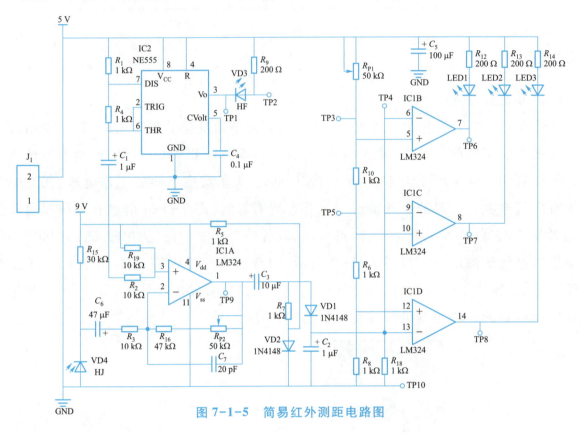

图 7-1-5　简易红外测距电路图

（2）工作原理

红外测距电路主要由多谐振荡电路、红外信号发射与接收电路、红外信号放大及电压比较电路构成，障碍物离探头越近，接收到的红外信号就越强，点亮的指示灯数量就越多，从而实现感应距离远近的效果。本电路具有简单可靠、成本低、电路工作稳定的特点，可以广泛应用于多种测距场合。

时基电路 NE555 及其外围元件组成多谐振荡器，产生红外线信号，经 IC2 第 3 脚输出并驱动红外发射管 VD3 发出红外信号。该信号经前方遮挡物反射后由红外接收管 VD4 接收，并送至 IC1A 及周围元件组成的放大电路进行信号放大，放大后的信号经 IC1 第 1 脚输出，C_3 耦合，VD1 和 C_2 整流滤波，然后送至 IC1B、IC1C、IC1D 的反相输入端。分别与相应的同相输入端电压进行比较，当反相输入端电压高于同相输入端电压时，其输出为低电平，从而使得与输出连接的发光二极管被点亮，实现用 LED1~LED3 指示距离远近的效果。

▌任务实施 ────

1. 元器件及材料清单

按元器件及材料清单清点元器件（表 7-1-1）。

表 7-1-1　元器件及材料清单

序号	名称	型号规格	数量	元器件符号
1	电解电容	1 μF/10~50 V	2	C_1、C_2
2	电解电容	10 μF/10~50 V	1	C_3
3	电解电容	100 μF/10 V	1	C_5
4	电解电容	47 μF/10~50 V	1	C_6
5	瓷片电容	0.1 μF(104)	1	C_4
6	瓷片电容	20pF	1	C_7
7	贴片二极管	1N4148	2	VD1,VD2
8	红外接收二极管	ϕ5 mm 红外接收二极管	1	VD4
9	红外发射二极管	ϕ5 mm 红外发射二极管	1	VD3
10	贴片集成电路	LM324DR	1	IC1
11	贴片集成电路	NE555DR	1	IC2
12	发光二极管	ϕ5 mm 红发红 LED	1	LED1
13	发光二极管	ϕ5 mm 黄发黄 LED	1	LED3
14	发光二极管	ϕ5 mm 绿发绿 LED	1	LED2
15	0805 贴片电阻	0805 贴片 1 kΩ	8	R_1、R_4~R_8、R_{10}、R_{18}
16	0805 贴片电阻	0805 贴片 10 kΩ	3	R_2、R_3、R_{19}
17	805 贴片电阻	0805 贴片 200 Ω	4	R_9、R_{12}、R_{13}、R_{14}
18	805 贴片电阻	0805 贴片 30 kΩ	1	R_{15}
19	805 贴片电阻	0805 贴片 47 kΩ	1	R_{16}
20	卧式可调电阻	50 kΩ	2	R_{P1}、R_{P2}
21	专用电路板	64 mm×32 mm 双面	1	Y_{44}

2. 熟悉装配图

对照电路图(图 7-1-5)看懂装配图(图 7-1-6),将图上的电路符号与实物对照。

3. 检查电路板

检查印制电路板看是否有开路、短路、隐患。

4. 贴片元件的装接

1) 确定装配工艺:将贴片元件按由小到大,由低到高的装配顺序分为多个批次,尽量注意先装的元件不影响后装元件的安装。

2) 元件准备:将同一批次需要安装的元件,去除包装,清点数量,确定是否可用。

3) 电路板准备:先在所有贴片元件的一个焊盘镀上适量的焊锡。将电路板放正,镀锡

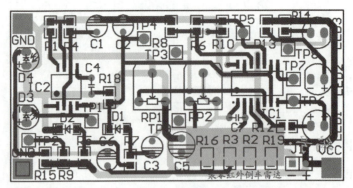

图 7-1-6   简易红外测距电路装配图

焊盘一般选择在元件的右边,多脚元件一般选择在元件的左上角。

4) 固定性预焊接:将贴片元件的一个脚先焊接到已镀锡的焊盘上,有极性的二极管、集成电路等在安装时要注意极性方向,切勿装反,无极性的元件要求标识面朝向便于观察的一方。

5) 修正:对预焊没有装正或错装的元件进行修正,所有元器件尽量贴近线路板表面安装,确保无误后再补焊其余没有焊好的引脚。

6) 完全焊接:焊接剩余的所有引脚,要求焊点适中,无漏焊、假焊、虚焊、连焊,焊点光滑、圆润、干净,无毛刺,焊点基本一致。

重复以上步骤,完成所有贴片元件的装配。

5. 直插元件的装配

1) 确定装配工艺:按由低到高的顺序将直插元件分为不同批次进行插装,要求先装的元件不影响后装元件的安装,相同高度的元件可以同一批次进行插装。

2) 元件准备:确定这一批次需要插装的元件,清点数量,确定是否可用。

3) 元件预处理:对需要进行加工处理的元件进行必要预处理,主要包括成型、弯脚、加垫、加座、捻头、镀锡、装支架、固定螺钉等,如有氧化的引脚还需在焊接处进行刮净和烫锡处理。

4) 插件:插件时首先要注意元件的方向,有方向要求的应满足元件在方向上的要求,如二极管、三极管、电解电容、集成电路等。无方向要求的元件尽量做到标识面朝向便于观察的一方,如电阻的色环方向、数字标注方向等。

5) 固定性焊接:同一批元件插件完毕后,可以用平整的板子压在元件顶部,然后一起倒置过来进行焊接,焊接时先只焊接每个元件的一个引脚,便于对没有装正的元件进行修正。

6) 修正:每个元件都固定性焊接了一个引脚后,再反转电路板,观察是否有需要修正的元件,主要检查元件的安装高度,要求所有元件紧贴电路板表面安装,不能歪斜,对需要修正的元件进行补焊修正。

7) 完全焊接:焊接剩余的所有引脚,要求焊点适中,无漏焊、假焊、虚焊、连焊,焊点光滑、圆润、干净，无毛刺，焊点基本一致。

8）剪脚：用斜口钳剪掉元件引脚，要求高度符合焊点要求，用力适度，方向安全，防止剪掉的元件引脚发生弹射或乱跑。

重复以上步骤，完成所有元件的装配，工厂里一般会把不同批次元件的安装过程制作成装配工艺卡片，供参考执行。一般按先小后大，先低后高，先贴片后直插的顺序确定装配批次。在同一批次的元件比较多的情况下，也可以将相同高度的元件分解为多个批次装配。总之，装配中重点注意先装元件不影响后装元件，装配方向首先满足元件特性要求，尽量做到元件标识面朝向便于观察的一方，所有元件要求紧贴电路板表面安装，焊点符合焊接工艺要求。基于以上原则，也可以根据不同情况创新装配工艺和方法。

6. 验证功能

电路安装完成后，经检测无误，接通 5 V 电源。观察现象：传感器上方（前方）使用白纸遮挡，当距离不同时，显示的 LED 数量不同，距离越近，LED 点亮越多，无遮挡物时则 LED 不亮。

7. 测量

（1）电位测量

传感器上方（前方）使用白纸遮挡，调整其距离，使 LED 按照表 7-1-2 要求点亮，同时测量各脚的电位，记录在表 7-1-2 中。

表 7-1-2　电位测量记录表

LED 点亮情况	IC1　7 脚	IC1　8 脚	IC1　14 脚
LED3 亮			
LED2、LED3 亮			
LED 全亮			

（2）波形测量

手动调节示波器，使输入通道耦合为直流，横坐标为 500 μs/格，纵坐标为 1 V/格。观察波形，绘制波形示意图，并测量信号周期值和峰-峰值，记录到表 7-1-3 中。

表 7-1-3　波形测量记录表

IC2 的 3 脚	波形参数值	
	V_{PP}（峰-峰值）	T（周期）

8. 考核评价

完成任务并填写考核评价表(表7-1-4)。

表 7-1-4 考核评价表

项目		配分	评分标准或要求	自评	组评	师评	得分
工具准备		5	所使用的实训工具选择准确,准备齐全,摆放到位				
元器件的识别与检测		15	元器件含有质量问题没有发现,每错一个扣4分,元件漏检或错检每处扣2分				
元器件插装焊接		10	1. 元器件安装不符合工艺要求扣2分 2. 元器件错装、漏装,每个扣2分 3. 焊点不符合要求,每点扣2分 4. 元器件排列不整齐扣8分				
电路装配		20	1. 接线安装位置正确可靠,出现短路连接扣10分 2. 不能正常工作扣10分				
电子产品功能调试与检测		15	LED不亮或不按要求亮扣5分,存在故障不能排除扣10分				
电路参数测量		20	按规定要求完成相关参数的测量,一处测量错误扣2分,扣完为止				
6S	工具排放着整齐	3	工具或零件放在地上一次扣1分,最多2分				
			工具、仪表使用后未及时复位扣1分				
	设备归位	3	设备未及时归位,场地杂物未及时清理扣3分				
	废弃物清理,场地清洁	4	所用设备、工具及时复位,一项不到位扣1分,扣完为止				
	严格遵守安全操作规程	5	不遵守安全操作规程扣5分				
总配分		100		总得分			

交流改进总结:

知识拓展

红外接近开关简介

红外距离检测电路能根据接收到的红外信号强弱来判断物体与红外接收二极管的距离,如果把这种距离感知信号转化为开关信号,就能方便地控制各种电路和设备的运行。工业中常常根据这个原理制作各种各样的红外接近传感器(有的也称为红外接近开关),广泛应用到各种自动控制系统中,其中红外自动感应洗手开关就是比较典型的应用。下面介绍一款常用红外接近开关的电路。

该红外接近开关电路主要由电源电路、红外发射电路、红外接收电路、脉冲放大与整形电路、延时电路、驱动电路、继电器输出控制电路组成,电路原理图参见图7-1-7。

电源电路:电路工作电压 5~12 V 均可,一般采用外部 5 V 电源供电。LED1 为电源指示灯,C_1、C_2 为滤波电容。R_{12}、C_7、R_6、C_4 构成退耦滤波电路,为红外接收放大电路供电。

红外发射电路:U1E、U1F、R_1、R_3、C_3 组成多谐振荡器,产生的振荡脉冲经 R_4 驱动 VT1,使红外发射二极管 HT1 不断发射红外脉冲信号。

红外接收电路:HR1 和 R_8 构成红外接收电路,HR1 为红外接收二极管,它的反向电阻随红外光照的增加而减小,从而使 R_8 的分压发生相应的变化,将接收到的红外光信号转变为电信号,通过 C_5 送到红外放大电路进行放大。

红外信号放大电路:VT2 和 VT3 组成二级红外放大电路,把接收到的微弱红外信号进行放大,其中 VT2 的偏置可调电阻 R_{P1} 可以调节接收灵敏度。

脉冲整形电路:经放大后的信号送入 U1A 和 U1B 进行整形,把不规则的信号转变为矩形脉冲,便于延时电路能够稳定工作。

延时电路:当接收到足够强度的红外信号时,整形电路便会输出矩形脉冲,矩形脉冲的高电平将使开关二极管 VD1 导通,使 C_8 两端的电压迅速上升变为高电平,C_8 的放电电阻为 R_{13} 和 R_{P2},即便接收到的红外信号已停止,C_8 依然会保持一段时间的高电平,调节 R_{P2} 可以调节保持高电平的时间长短,即调节触发延时时间。

驱动电路:U1C 和 U1D 并联组成驱动电路,驱动指示灯电路和继电器工作。

继电器输出控制电路:当 C_8 两端因有信号的到来而成为高电平时,驱动电路便输出低电平,工作指示灯 LED2 点亮,VT4 导通,继电器得电吸合,控制端 J_2 连通。本电路通过继电器外接负载,也可以使用 220V 交流负载,接不同的负载即可实现不同的功能,如红外感应洗手开关等。

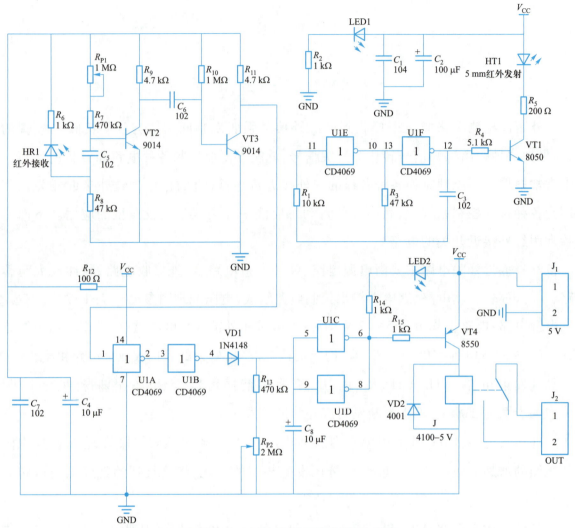

图 7-1-7   红外接近开关电路原理图

任务二   自恢复精密稳压电源的组装与调试 >>>

知识准备

1. TL431

TL431 是一款并联稳压集成电路,它的输出电压用两个电阻就可以设置从 2.5 V 到 36 V 范围内的任何值,是较好的可控精密稳压源,该器件在很多应用中可以代替稳压二极管。常用封装是 TO-92 封装,其封装及引脚如图 7-2-1 所示,图形符号如图 7-2-2。

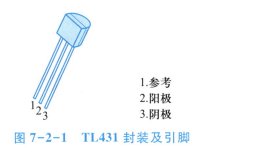

1. 参考
2. 阳极
3. 阴极

图 7-2-1　TL431 封装及引脚

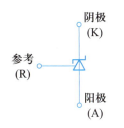

图 7-2-2　TL431 图形符号

2. LM358

LM358 内部包括有两个独立的高增益双运算放大器,可以用于电源电压范围很宽的单电源使用,也适用于双电源工作模式,在推荐的工作条件下,电源电流与电源电压无关。它的使用范围包括传感放大器、直流放大等场合。它的功能框图和引脚排列如图 7-2-3 所示。其中:8 脚是正电源;4 脚是负电源(双电源工作时)或地(单电源工作时);1、2、3 脚是一个运放通道,1 脚是输出端,2 脚是反相输入端,3 脚是同相输入端;5、6、7 脚为另一运放通道,7 脚是输出端,6 脚是反相输入端,5 脚是同相输入端。

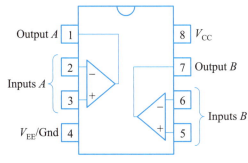

图 7-2-3　LM358 功能框图和引脚排列

3. 蜂鸣器

蜂鸣器是电子电路中常用的发声元件,按发声的原理可以分为压电式蜂鸣器和电磁式蜂鸣器。压电式蜂鸣器由压电陶瓷材料制成,利用压电效应将电能转化为声音,电磁式蜂鸣器由电磁线圈与振动铁片构成,利用电流的磁效应将电能转化为声音。单纯具有以上发声结构的蜂鸣器需要外接交变音频电信号才能发声,类似扬声器的功能,我们把这种需外接音频电信号才能发声的蜂鸣器称为无源蜂鸣器。这类蜂鸣器一般无正负区别,加直流电压只能发短暂的"咔咔"声,万用表测量无源压电式蜂鸣器的电阻为无穷大,电磁式蜂鸣器的电阻一般为几十欧。

为了方便使用和简化电路,常常把驱动蜂鸣器发声的电路元件和蜂鸣器制作在一起,成为有源蜂鸣器,这种蜂鸣器无需外接音频电信号,只需加特定的直流电压即可发声,这种蜂鸣器除了有材料上的区别,还需注意使用电压上的要求,使用中必须在适当的电压范围,同时还需注意正负极性,否则将损坏蜂鸣器内电路。在实际电路应用中,蜂鸣器根据电路形式和发声的要求不同,其体积、封装、电压、材料、外形等各有不同,可谓种类繁多,但根据以上原理不难区分。在自恢复精密稳压电源中所用的蜂鸣器为 5 V 电磁式有源蜂鸣器,图 7-2-4 所示是一些常用蜂鸣器的外形。

4. 自恢复精密稳压电源的组成与工作原理

电路原理图如图 7-2-5 所示,它是在常用串联稳压电路的基础上改进而成的,主要由交

图 7-2-4 常用蜂鸣器的外形

流输入电路、整流滤波电路、取样电路、基准电压形成电路、误差比较放大电路、调整电路、过流保护及自动恢复电路、报警电路、指示灯电路 9 部分组成。

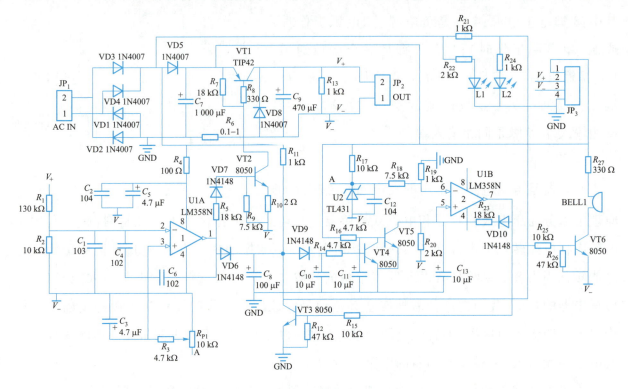

图 7-2-5 电路原理图

交流电压从接线端子 JP_1 输入，加到整流滤波电路，将交流电压转换为非稳直流电压送到稳压电路稳压为需要的稳定直流电压。其中 VD1～VD4 组成桥式整流电路，VD5 为开关二极管，C_7 为滤波电容，R_1、R_2 组成取样电路，U2、R_{P1} 为核心的元件组成基准电压形成电路，调节 R_{P1} 可以调节输出电压的高低，该电路可以实现 0 V 起调，U1A 完成误差比较放大，VT1、VT2 组成调整电路，R_7 为调整电路提供驱动电流，R_6、VD6、VT3～VT5、U1B、R_{23}、VD10、R_{20} 为核心的元件组成过流保护电路，R_{16}、C_{11} 等组成自动恢复电路，VT6、BELL1 等组成报警电路，C_9 组成输出滤波电路，L1、L2 为指示灯。

12~15 V 的交流电经过 VD1~VD4 整流后得到脉动直流电,经 VD5 后进入滤波电路得到非稳直流电,经 VT1 稳压后得到稳定的直流输出。输出电压经 R_1、R_2 分压取样后加到运放反相输入端 2 脚,与运放的同相输入端 3 脚的基准电压进行比较放大,放大后的误差信号从 1 脚输出,经 VD7 驱动 VT2 对 VT1 的基极电流进行精密控制,达到稳压的目的。R_{17} 与 U2（TL431）组成 2.5 V 的基准电压形成电路,为稳压电路及过流保护电路提供基准电压。R_4、C_5、C_2 组成降压滤波电路,为 U1 供电。L1 为电源指示灯,通电后就被点亮,L2 为正常工作指示灯,当有正常电压输出时被点亮。

本电路不容易理解的是过流保护及自动恢复电路,其关键元件是 R_6 及 U1B 相关元件,正常工作时 GND 与 V- 的压差很小,如果选择 V- 为参考电位点,则 GND 为负压,输出电流越大,GND 的负压就越低,对于 U1B 来讲,5 脚电压正常时被 R_{20} 连接到 V-,即该脚正常电压为 0 V,TL431 形成的 2.5 V 基准电压经 R_{18}、R_{19} 分压后加到 U1B 的反相输入端,正常工作时约大于 0 V,使 U1B 的第 7 脚输出低电平,VT3、VT6 截止,蜂鸣器失电不响,R_{11} 提供的脉动直流经 C_8 滤波后使 VT3 集电极为高电平,VD6 截止,不影响调整电路正常输出电压,VD9 导通,使 VT4 导通,VT5 截止,对 U_{1B} 的 5 脚不产生影响,电路处于稳定工作状态。当输出电流过大时,R_6 上的压降增加,相当于 GND 负压增加,导致 U1B 的 6 脚电压下降,当 6 脚电压低于 0 V 时,U1B 的 7 脚输出高电平 VT3、VT6 导通,蜂鸣器得电报警,R_{11} 提供的直流被 VT3 短路到地,使 VT3 集电极为低电平,VD6 导通,调整电路无驱动电流而停止工作,输出电压为 0 V,这是 L2 失电熄灭,VD9 截止,使 VT4 截止,VT5 由于有 C_{11} 的存在而暂时截止,U1B 的 5 脚由于有 7 脚高电平的反馈而处于高电平状态,这时 6 脚电压依然低于 5 脚电压,7 脚继续处于保护报警状态,随着保护时间的推移,R_{16} 对 C_{11} 的充电电压不断提高,当增加到 VT5 的导通电压时,VT5 导通,使 U1B 的 5 脚电压被短路到地,U1B 的 7 脚输出低电平,电路恢复正常工作状态。

稳压后的直流电压从 JP_2 输出,JP_3 可以外接电压表和电流表,作为电路功能扩展使用。

任务实施

1. 元器件及材料清单

按元器件及材料清单清点元器件(表 7-2-1)。

表 7-2-1 元器件及材料清单

序号	名称	型号规格	数量	元器件符号
1	稳压集成电路	TL431	1	U2
2	三极管	TIP42	1	VT1
3	集成电路	LM358N	1	U1
4	IC 座	DIP-8 IC 座	1	U1

续表

序号	名称	型号规格	数量	元器件符号
5	蜂鸣器	5 V 有源蜂鸣器	1	BELL1
6	接线端子	301-2P 接线端子	2	JP_1,JP_2
7	扩展插座	XH2.54-4P 插座	1	JP_3
8	三极管	S8050	5	VT2~VT6
9	开关二极管	1N4148	4	VD6、VD7、VD9、VD10
10	整流二极管	1N4007	6	VD1~VD5、VD8
11	电解电容	1 000 μF/25 V	1	C_7
12	电解电容	470 μF/16-25 V	1	C_9
13	电解电容	4.7 μF/50 V	2	C_3、C_5
14	电解电容	10 μF/50 V	3	C_{10}、C_{11}、C_{13}
15	电解电容	100 μF/16 V	1	C_8
16	瓷片电容	0.1 μF(104)	2	C_2、C_{12}
17	瓷片电容	0.01 μF(103)	1	C_1
18	瓷片电容	1nF(102)	2	C_4、C_6
19	电位器	10 kΩ 密封电位器	1	R_{P1}
20	1/4W 直插电阻	330 Ω	2	R_8、R_{27}
21	1/4W 直插电阻	130 kΩ	1	R_1
22	1/4W 直插电阻	47 kΩ	3	R_{12}、R_{14}、R_{26}
23	1/4W 直插电阻	18 kΩ	3	R_5、R_7、R_{23}
24	1/4W 直插电阻	10 kΩ	4	R_2、R_{15}、R_{17}、R_{25}
25	1/4W 直插电阻	7.5 kΩ	2	R_9、R_{18}
26	1/4W 直插电阻	4.7 kΩ	2	R_3、R_{16}
27	1/4W 直插电阻	2 Ω	1	R_{10}
28	1/4W 直插电阻	2 kΩ	2	R_{20}、R_{22}
29	1/4W 直插电阻	1 kΩ	5	R_{11}、R_{13}、R_{19}、R_{21}、R_{24}
30	1/2W 直插电阻	0.22 Ω	1	R_6
31	1/2W 直插电阻	100 Ω	1	R_4
32	发光二极管	φ3 mm 红发红 LED	1	L1
33	发光二极管	φ3 mm 绿发绿 LED	1	L2
34	散热器	23 mm×16 mm×25 mm	1	配散热器
35	散热器螺钉	配套螺钉	1	配散热器
36	专用电路板	56 mm×74 mm 双面	1	配套

2. 熟悉装配图

对照原理图(图 7-2-5)看懂装配图(图 7-2-6),将图上的图形符号与实物对照。

3. 检查电路板

检查印制电路板看是否有开路、短路、隐患。

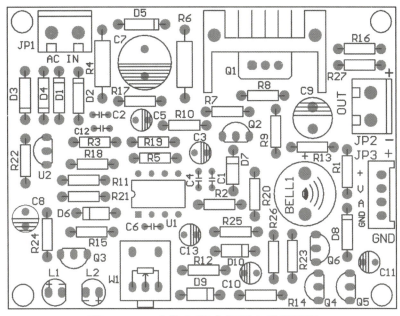

图 7-2-6 自恢复精密稳压电源装配图

4. 装接

本电路全部为直插元件,按由低到高的顺序分批次插装,要求先安装的元件不能影响后面未装元件的安装,相同高度的元件可以同一批次进行插装,具体可以参照"简易红外测距电路"中直插元件的装配方法。

5. 调试

(1) 检查电路连接是否正确,确保无误后在 JP₁ 处接上 12~15 V 交流电源。

(2) 用万用表直流电压挡监测 JP₂ 的输出电压,注意方向不要接反。

(3) 旋转 R_{P1},观察 JP₂ 输出电压的变化情况。

(4) 瞬间短路 JP₂ 输出端,观察电路的保护、报警和自动恢复情况。

(5) 连接负载进行实用化应用测试。

6. 测量

将输出电压调节到指定值,测量电路中各点电压,并填入表 7-2-2 中。

表 7-2-2 电路测量记录表

输出电压	电路测试点电位/V						
	VD5 阳极	VD5 阴极	VT1 基极	VT2 基极	U2 阴极	U1 第 1 脚	U1 第 7 脚
1.5 V							
5.0 V							
12.0 V							

7. 考核评价

完成任务并填写考核评价表(表 7-2-3)。

表 7-2-3　考核评价表

项目		配分	评分标准或要求	自评	组评	师评	得分
工具准备		5	所使用的实训工具选择准确,准备齐全,摆放到位				
元器件的识别与检测		15	元器件含有质量问题没有发现,每错一个扣 5 分,元件漏检或错检每处扣 2 分				
元器件插装焊接		20	1. 元器件安装不符合工艺要求扣 2 分 2. 元器件错装、漏装,每个扣 2 分 3. 焊点不符合要求,每点扣 2 分 4. 元器件排列不整齐扣 8 分				
电路装配		10	1. IC 插座和散热器安装正确可靠,出现短路连接扣 5 分 2. 不能正常工作扣 5 分				
电子产品功能调试与检测		15	输出电压不可调或不能按要求调节扣 5 分,不能报警或不能自动恢复扣 5 分,存在故障不能排除扣 5 分				
电路参数测量		20	按规定要求完成相关参数的测量,一处测量错误扣 2 分,扣完为止				
6S	工具排放着整齐	3	工具或零件放在地上一次扣 1 分,最多 2 分				
			工具、仪表使用后未及时复位扣 1 分				
	设备归位	3	设备未及时归位,场地杂物未及时清理扣 3 分				
	废弃物清理,场地清洁	4	所用设备、工具及时复位,一项不到位扣 1 分,扣完为止				
	严格遵守安全操作规程	5	不遵守安全操作规程扣 5 分				
总配分		100		总得分			

交流改进总结:

知识拓展

为稳压电源加装数字电压电流表

自恢复稳压电源广泛应用于多种稳压电路,尤其是使用频率高、电流要求不大、精度要求高、可调范围大的场合,如手机维修、各类实训等。在实际应用中,一般配有电压表和电流表,方便直观地调节和检查使用数据,电路板上也设计了与电压表和电流表的接口 JP_3。下面介绍使用较多的数字电压电流表的实训电路(图7-2-7)。

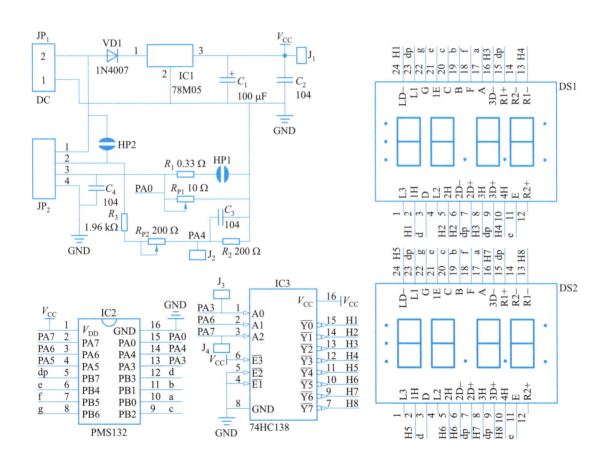

图 7-2-7　数字电压电流表实训电路

该电路可以与自恢复精密稳压电源组合使用,其连接方式是将 JP_2 与自恢复精密稳压电源板的 JP_3 对应连接,用双头 XH2.54-4P 的排线直接插上即可。

电路的核心元件是具有模数转换功能的单片机 PMS132B,电路中 JP_1 为外接电源供给端,外接电源经 VD1 防反接保护二极管后送到三端稳压 78M05 稳压,为电路提供

5 V 工作电压。被测电压从 JP_2 的 2 脚输入，经 R_3、R_{P2}、R_2 组成的串联分压电路后，为芯片 IC2 14 脚提供电压取样信号，将电压测量的量程扩大 11 倍（0～30 V），如果被测电压不会低于 5 V，且带负载的能力要求不高，可以将焊盘 HP2 短路，这样就不接 JP_1 单独供电了，使电压表成为"二线制"。被测电流从 JP_2 的 3 脚输入，正常情况需将 HP1 短路，这样被测电流将从 R_1 和 R_{P1} 通过，形成的电压将送往 IC2 15 脚进行测量，推算出电流值。如果用于自恢复精密稳压电源的电流测量，由于已经安装了电流取样电阻，R_1 就不需要安装了。

经单片机计算处理的电压数据由数码管 DS1 显示，电流值由 DS2 显示。IC3 为三八译码器，为数码管提供位扫描驱动信号，数码管为 4 位共阴，两个数码管一共有 8 位，常用动态扫描显示方式工作。每个数码管的最高位为 0 时，会自动关闭显示，这时数码管只有 3 位被显示出来。

电路中，R_{P1} 用于电流精度的调节，R_{P2} 用于电压精度的调节。由于分压电阻和电流取样电阻制造上的误差，需要对其进行实际校准，测量精度才能达到要求。

组装完毕，经检查无误后用排线连接到自恢复精密稳压电源（图 7-2-8），用万用表监测输出电压，调节 R_{P2}，使本电压表的显示与万用表一致，完成数字电压表的调试。再接入负载，并用万用表监测电流，调节 R_{P1}，使本电流表显示值与万用表显示值一致，完成电流表的校准调试。

图 7-2-8　数字电压电流表与稳压电源连接的实物图

任务三　模拟三相交流电动机正反转控制电路的组装与调试 >>>

▌知识准备

1. 三相交流电动机正反转控制知识要点回顾

三相交流电动机正反转控制电路是电工技术的重要实训内容。实现电动机正反转的方式是将其电源相序中任意两相对调(一般称为换相),常采用按钮联锁(机械)与接触器联锁(电气)的双重联锁正反转控制电路(图7-3-1)。

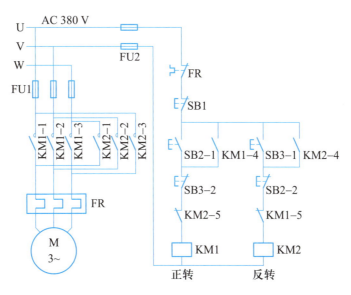

图 7-3-1　常用正反转控制电路

电路采用正转接触器 KM1 和反转接触器 KM2 做主回路控制。当接触器 KM1 的三对主触点接通时,电源的相序按 U—V—W 接入电动机。当 KM1 的三对主触点断开,KM2 的三对主触点接通时,电源的相序按 W—V—U 接入电动机,电动机就向相反方向转动。电路要求接触器 KM1 和 KM2 不能同时接通电源,为此在 KM1 和 KM2 线圈各自支路中相互串联对方的一对辅助动断触点,以保证接触器 KM1 和 KM2 不会同时接通电源,KM1 和 KM2 的这两对辅助动断触点所起的作用称为联锁或互锁。

正向启动过程:按下启动按钮 SB2,接触器 KM1 线圈通电,与 SB2 并联的 KM1 的辅助动合触点闭合,以保证 KM1 线圈持续通电,KM1 的主触点也持续闭合,电动机连续正向运转。

停止过程:按下停止按钮 SB1,接触器 KM1 线圈断电,与 SB2 并联的 KM1 的辅助触点断开,KM1 线圈失电,KM1 的主触点断开,电动机停转。

反向启动过程:按下启动按钮 SB3,接触器 KM2 线圈通电,与 SB3 并联的 KM2 的辅助动合触点闭合,KM2 线圈持续通电,KM2 的主触点持续闭合,电动机连续反向运转。

2. 模拟三相交流电动机正反转控制电路概述

三相交流电动机正反转控制电路的实训一般采用的 380 V 强电,需用较多的导线连接电路,反复操作对电路元件损伤较大,实训成本较高,同时也存在一定安全风险。采用电子电路模拟三相交流电动机正反转控制电路,将电子技术与电工技术进行融合,具有较强的趣味性和实用性,在实训电子技术的同时也巩固了电工技术知识,降低了实训成本,提高了实训效率,规避了强电风险,更能体会电子开关与机械开关的异曲同工之妙。

3. 模拟三相交流电动机正反转控制电路的构成

电路包括模拟三相交流电源产生电路、模拟保护电路、电动机正转控制电路、电动机反转控制电路、停止控制电路、电动机正转执行电路、电动机反转执行电路、模拟电动机转动显示电路 8 部分组成(图 7-3-2)。

4. 模拟三相交流电动机正反转控制电路的工作原理

电路原理图如图 7-3-3 所示,电路中模拟三相交流电源产生电路由 IC1、IC2 及其外围元件组成,IC1(NE555)及其外围电路组成振荡电路,产生约 1~5 Hz 的脉冲信号从 IC1 的 3 脚输出,调节 R_{P1} 可以改变振荡频率,从而改变模拟电动机的转动速度。IC2(CD4017)为十进制计数器,本电路将输出端

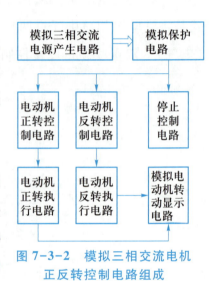

图 7-3-2　模拟三相交流电机正反转控制电路组成

Q_3 接到复位端,组成三进制计数器,IC1 的 3 脚输出的脉冲送到 IC2 的输入端,经 IC2 计数后分别从输出端 Q_0、Q_1、Q_2 轮流输出脉冲信号,实现模拟三相交流电源的功能。

模拟保护电路由 FU1-1、FU1-2、FU1-3、FU2-1、FU2-2、FR1~FR4 组成,具体电路板的设计上采用短路焊盘代替,焊盘上有连通的微小保险丝,能直观地观察其保险功能。J_1~J_6 可以焊接排针来模拟过流保护器的接线端子,若断开这些熔体,可以用杜邦线来连接这些接线端子,实现手工交换三相交流电源的任意两相,从而实现模拟手动正反转控制功能。

停止控制电路由 VT11、SB1、R_{11} 组成,正常情况下,R_{11} 为 VT11 提供基极导通电流,VT11 饱和导通,相当于常闭开关。按下 SB1,VT11 基极和发射极短路,VT11 因无基极电流而截止,相当于开关断开,正转控制与反转控制电路均失去导通电流而停止工作,KM1、KM2 点输出低电平。

正转控制电路电路由 VT7~VT10、SB2、R_{12}~R_{17} 组成,按下 SB2,VT11 提供的电压一路通过 R_{23} 使 VT15 导通,让反转控制电路失效,另一路加到 VT10,由于 R_{16} 为 VT10 提供了基极导通电流,VT10 导通,通过 R_{14} 为 VT7 基极提供导通电流,VT7 也饱和导通,进而通过 R_{13} 使 VT9 饱和导通,实现 SB2 的自锁功能,KM1 点工作在高电平。

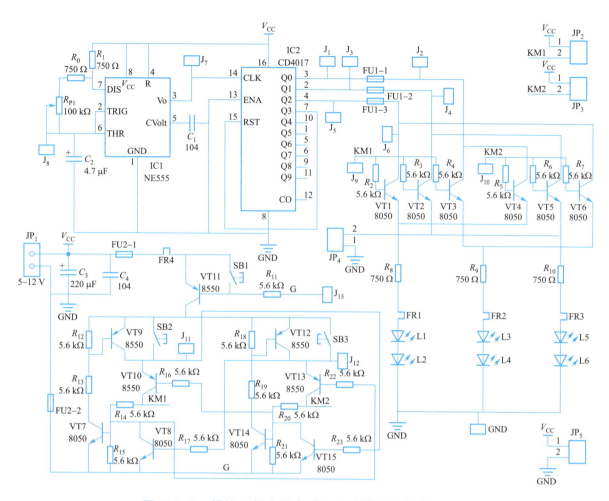

图 7-3-3 模拟三相交流电动机正反转控制电路原理图

同理,电路中 VT12~VT15、SB3、R_{18}-R_{23} 组成反转控制电路,按下 SB3,VT11 提供的电压一路通过 R_{17} 使 VT8 导通,让正转控制电路失效,另一路加到 VT13,由于 R_{22} 为 VT13 提供了基极导通电流,VT13 导通,通过 R_{20} 为 VT14 基极提供导通电流,VT14 也饱和导通,进而通过 R_{19} 使 VT12 饱和导通,实现 SB3 的自锁功能,KM2 点工作在高电平。

同时,正转控制电路与反转控制电路通过 R_{17}、R_{23} 的巧妙连接,实现正反转控制电路之间的互锁功能,当按下 SB2 时,通过 R_{23} 使 VT15 导通,反转控制电路停止工作,当按下 SB3 时,通过 R_{17} 使 VT8 导通,正转控制电路停止工作,即正转控制与反转控制电路只能有一个工作。

电动机正转执行电路由 VT1~VT3 和 R_2~R_4 组成,当 KM1 为高电平时,R_2~R_4 分别为 VT1~VT3 提供基极导通电流,VT1~VT3 导通,模拟交流接触器的 3 个触点吸合,模拟三相交流电源通过 VT1~VT3 加到模拟电动机转动显示电路上,使模拟电动机转动显示电路工作。

电动机反转执行电路由 VT4~VT6 和 R_5~R_7 组成,当 KM2 为高电平时,R_5~R_7 分别为 VT4~VT6 提供基极导通电流,VT4~VT6 导通,模拟三相交流电源通过 VT4~VT6 加到模拟电动机转动显示电路上,使模拟电动机转动显示电路工作。

模拟电动机转动显示电路由 L1~L6 和 R_8~R_{10} 组成,R_8~R_{10} 为 L1~L6 的限流电阻,L1~L6 分为 3 组,分别显示模拟三相交流电的"三相",当正转电路工作时,LED 点亮顺序为 L3、L4→L5、L6→L1、L2,如果将这三组 LED 进行恰当的圆环形放置,给人的感觉就是顺时针旋转,达到模拟电动机正转的效果。当反转电路工作时,发光二极管点亮是顺序为 L1、L2→L5、L6→L3、L4,给人的感觉就是逆时针旋转,达到模拟电动机反转的效果。

5. 模拟三相交流电动机正反转控制电路与真实电路的对比

模拟三相交流电动机正反转控制电路与真实电路的对比见表 7-3-1。

表 7-3-1　模拟三相交流电动机正反转控制电路与真实电路的对比

序号	电路功能	真实电路元件	关键模拟元件	说明
1	模拟三相交流电源产生电路	AC380 V	IC1	包括 IC 外围元件
			IC2	
2	模拟保护电路	FU1-1	FU1-1	由电路板焊盘及已连通的小铜箔构成,可以割断铜箔模拟电路元件断开,焊盘焊通即可恢复
		FU1-2	FU1-2	
		FU1-3	FU1-3	
		FU2-1	FU2-1	
		FU2-2	FU2-2	
		FR1	FR1	
		FR2	FR2	
		FR3	FR3	
		FR4	FR4	
3	正转控制电路	SB2-1	SB2	包括三极管基极电阻
		KM1-4	VT9	
		SB3-2	VT10	
		KM2-5	VT8	
		KM1	VT7	
4	反转控制电路	SB3-1	SB3	包括三极管基极电阻
		KM2-4	VT12	
		SB2-2	VT13	
		KM1-5	VT15	
		KM2	VT14	

续表

序号	电路功能	真实电路元件	关键模拟元件	说明
5	停止控制电路	SB1	SB1	包括三极管基极电阻
			VT11	
6	正转执行电路	KM1-1	VT1	包括三极管基极电阻
		KM1-2	VT2	
		KM1-3	VT3	
7	反转执行电路	KM2-1	VT4	包括三极管基极电阻
		KM2-2	VT5	
		KM2-3	VT6	
8	模拟转动电路	M	L1~L6	包括限流电阻

任务实施

1. 元器件及材料清单

按元器件及材料清单清点元器件(表7-3-2)。

表7-3-2　元器件及材料清单

序号	名称	型号规格	数量	元器件符号
1	贴片电容0603	$0.1\mu F$(104)	2	C_1,C_4
2	贴片电解电容	$4.7\ \mu F/10\ V$	1	C_2
3	贴片电解电容	$220\ \mu F/10\ V$	1	C_3
4	贴片IC	NE555DR	1	IC1
5	贴片IC	CD4017BM	1	IC2
6	单排针	18-22P 单排针	1	$JP_1\sim JP_4$、$J_1\sim J_{12}$
7	贴片LED	0805 贴片红色 LED	6	L1~L6
8	贴片电阻0603	$5.6\ k\Omega$	19	$R_2\sim R_7$,$R_{11}\sim R_{23}$
9	贴片电阻0603	$750\ \Omega$	5	R_0、R_1、R_8、R_9、R_{10}
10	贴片可调电阻	$100\ k\Omega$	1	R_{P1}
11	贴片微动开关	6×6×5 微动开关	3	SB1、SB2、SB3
12	贴片三极管	S8050(J3Y)	10	VT1~VT8,VT14、VT15
13	贴片三极管	S8550(2TY)	5	VT9~VT13
14	印制电路板	71 mm×61 mm 双面	1	

2. 熟悉装配图

对照原理图(图 7-3-3)看懂装配图(图 7-3-4),将图上的电路符号与实物对照。

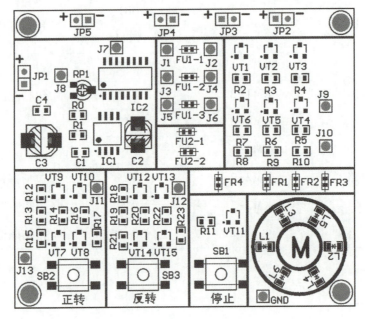

图 7-3-4　模拟三相交流电动机正反转控制电路装配图

3. 检查电路板

检查印制电路板看是否有开路、短路、隐患。

4. 装接

该电路主要为贴片元件,可以参照"简易红外测距电路"的装配方法,贴片元件安装完毕再安装排针,排针可根据需要用斜口钳剪断成需要的针数。

5. 调试

1) 检查电路连接是否正确,确保无误后方可接上 5~12 V 直流电源,并注意极性方向,不得接反。

2) 接通电源,分别按动 SB2、SB3、SB1 进行功能测试,观察 L1~L6 的点亮情况。

3) 使电路处于"转动"状态,用合适的工具调节 R_{P1},观察 L1~L6 的旋转速度的变化,使其处于便于人眼观察的速度。

4) 在下面几种情况下测量电路中各点电位,并填入表 7-3-3 中。

表 7-3-3　模拟三相交流电动机正反转控制电路电位测试数据表

按下开关状态	电路测试点电位/V					LED 点亮情况
	J_9	J_{10}	J_{11}	J_{12}	J_{13}	
按下 SB1 后						
按下 SB2 后						
按下 SB3 后						

6. 考核评价

完成任务并填写考核评价表(表7-3-4)。

表7-3-4　考核评价表

项目		配分	评分标准或要求	自评	组评	师评	得分
工具准备		5	所使用的实训工具选择准确,准备齐全,摆放到位				
元器件的识别与检测		15	元器件含有质量问题没有发现,每错一个扣4分,元件漏检或错检每处扣2分				
元器件插装焊接		10	1. 元器件安装不符合工艺要求扣2分 2. 元器件错装、漏装,每个扣2分 3. 焊点不符合要求,每点扣2分 4. 元器件排列不整齐扣8分				
电路装配		20	1. 接线安装位置正确可靠,出现短路连接扣10分 2. 不能正常工作扣10分				
电子产品功能调试与检测		15	LED不亮或不按要求亮扣5分,存在故障不能排除扣10分				
电路参数测量		20	按规定要求完成相关参数的测量,一处测量错误扣2分,扣完为止				
6S	工具排放着整齐	3	工具或零件放在地上一次扣1分,最多2分				
			工具、仪表使用后未及时复位扣1分				
	设备归位	3	设备未及时归位,场地杂物未及时清理扣3分				
	废弃物清理,场地清洁	4	所用设备、工具及时复位,一项不到位扣1分,扣完为止				
	严格遵守安全操作规程	5	不遵守安全操作规程扣5分				
总配分		100			总得分		

交流改进总结:

▌知识拓展

模拟三相交流电动机正反转与自动往返控制电路的级联应用

三相交流电动机自动往返控制电路在电工学上应用较多,如往返式卸料车、电葫芦控制等。它们均是在电动机正反转控制电路的基础上进行扩展而成的,下面介绍采用电子电路的方式来模拟电动机自动往返控制的实训电路。

电路原理图如图 7-3-5 所示,该电路需要与模拟三相交流电动机正反转控制电路组合使用,其连接方式是将 $JP_{61} \sim JP_{65}$ 与正反转控制板的 $JP_1 \sim JP_5$ 对应连接,电路板已设计了对应的焊接焊盘,只需对应焊接即可,也可以采用杜邦线与排针进行连接。

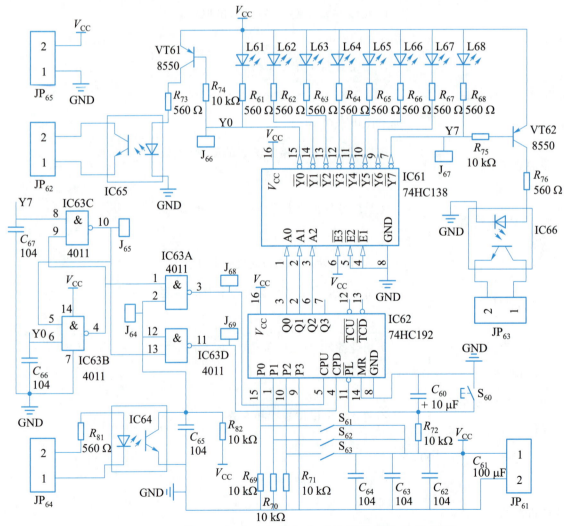

图 7-3-5　模拟三相交流电动机自动往返控制电路原理图

电路中 JP$_2$ 和 JP$_3$ 分别为正反转控制信号输出端，JP$_4$ 为电动机转动信号输入端，这三个插座均通过光耦实现板间隔离。JP$_1$ 可以提供独立电源供电，JP$_5$ 可以实现共用电源连接。IC62 为十进制同步加/减计数器，JP$_{64}$ 输入的电动机转动脉冲经光耦分别送到 IC63A 和 IC63D 分离为加/减（正/反）计数脉冲，再分别送到 IC62 的加/减计数输入端，IC62 的计数值经 IC61 译码后通过 L61～L68 显示出来，即可模拟电动机往返控制过程。S61～S63 可以通过短路帽来设置计数器的初始值（模拟电动机的起始位置），按 S60 可以随时复位到初始值。

当 L61 被点亮时，Y0 为低电平，VT61 导通，JP$_{62}$ 输出正转控制信号，同时使 IC63B 和 IC63C 组成的 RS 触发器发生翻转，IC63A 允许计数脉冲通过，IC63D 关闭计数脉冲，IC62 获得加计数脉冲，L61～L68 从左到右循环点亮。

同理，当 L68 被点亮时，Y7 为低电平，VT62 导通，JP$_{63}$ 输出反转控制信号，同时使 IC63B 和 IC63C 组成的 RS 触发器发生翻转，IC63D 允许计数脉冲通过，IC64A 关闭计数脉冲，IC62 获得减计数脉冲，L68～L61 从右到左循环点亮。

本电路可以与模拟三相交流电动机正反转控制电路组合使用，完成全功能的联动操作，组合电路板实物图如图 7-3-6。

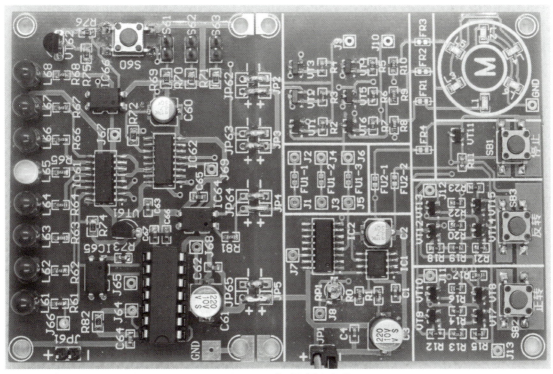

图 7-3-6　组合电路板实物图

知识准备

1. 驻极体话筒

驻极体话筒如图 7-4-1 所示。其作用是将声音信号转换为电信号。检测方法是用指针式万用表 $R×100$ 挡，黑表笔接话筒正极，红表笔接话筒负极（有铜箔与外壳相连的一脚），如果指针处于 40~50，此时对话筒吹气，指针有明显的偏转，则话筒是正常的。指针偏转角度越大，则表明话筒的灵敏度越高。交换表笔，此时指针位置处于 10 左右，但对话筒吹气，指针几乎不动。所以，在安装时应注意分清驻极体话筒的正、负极性。

2. 光敏电阻

光敏电阻是一种无结器件，它是利用半导体的光致导电特性制成的，当光照很强或很弱时，光敏电阻的光电流和光照之间会呈现非线性关系，其他照度区域近似呈线性关系。其外形如图 7-4-2 所示。

图 7-4-1　驻极体话筒

图 7-4-2　光敏电阻

光敏电阻的作用是将可见光信号转换为电信号。光照越强，光敏电阻的阻值越小；光照越暗，阻值越大。无光时，其阻值可高达兆欧级。

光敏电阻的检测方法是用万用表 $R×1k$ 挡测量，当有光时，阻值较小，约为几千欧或更小。无光照时，阻值较大。

3. 声光控延时开关电路的组成与工作原理

声光控延时开关电路原理图如图 7-4-3 所示，电路方框图如图 7-4-4 所示。

下面简单介绍声光控延时开关电路的工作原理。12 V 低压交流电经 VD1~VD4 构成的桥式整流电路后得到正弦半波电压（注意此处只整流不能滤波，若滤波后，脉动直流电没有过零点，则晶闸管一旦开启后将无法关闭），此电压一方面加到晶闸管的阳极和阴极，形成正向 U_{AK} 电压，为晶闸管的导通提供必要条件之一；另一方面，该电压经隔离二极管 VD6 后，由电容器 C_1 滤波，R_1 和 VS 进行简单稳压后供给以 CD4011 为核心的控制电路。

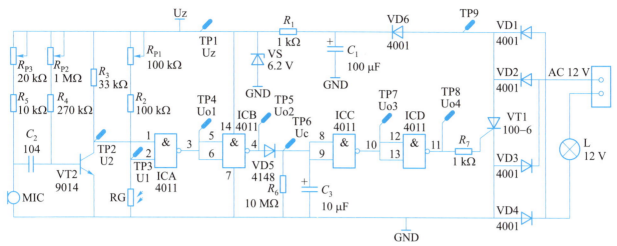

图 7-4-3 声光控延时开关电路原理图

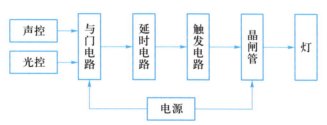

图 7-4-4 声光控延时开关电路方框图

在白天或光线充足时，光敏电阻 RG 阻值较低，与 R_{P1}、R_2 形成串联分压（CMOS 集成电路的输入端电流极低，可忽略），光敏电阻 RG 分得电压较低，使 ICA 的 2 脚为低电平，由于 ICA 和 ICB 构成一个与门，根据与门电路的特点，有低出低，所以 ICB 的 4 脚输出低电平，隔离二极管 VD5 不导通，延时电路 C_3、R_6 中电压为 0 V，ICC 和 ICD 构成的两级非门输入为低电平，输出也是低电平，晶闸管的控制极电压为 0 V，晶闸管处于关断状态，灯 L 不能被点亮。

在晚上或光线较暗时，光敏电阻 RG 阻值较高，与 R_{P1}、R_2 形成串联分压，光敏电阻 RG 分得电压较高，使 ICA 的 2 脚为高电平，由于 ICA 和 ICB 构成一个与门，若此时没有声音信号，三极管 VT2 静态时，处于临界饱和状态，VT2 的 C 极输出低电平，与门输出低电平，灯不能点亮；若此时有声音信号（脚步声、掌声或其他音频信号），驻极体话筒有动态波动信号输入到放大电路 VT2 的基极（为了获得较高的灵敏度，VT2 的电流放大倍数应大于 100），由于电容 C_2 的隔直通交作用，加在基极信号相对零电平有正、负波动信号，声音信号中的负半周部分将 VT2 的基极电位拉低，让 VT2 瞬间处于截止状态，C 极输出瞬间高电平，此时与门输出高电平，VD5 导通后，对 C_3 快速充电并充到约为电源电压，ICC 和 ICD 构成的两级非门输入为高电平，输出也是高电平，晶闸管的控制极电压为 0.7 V 左右，晶闸管处于开启状态，灯 L 被点亮。声音信号持续时间较短，但由于延时电路中 C_3 放电很慢，会维持一段时间的高电平,灯 L 点亮的时间得以延长,当 C_3 上的电压下降到低电平时(整个过程持续约为 30~60 s),灯 L 熄灭。

　　声光控的功能实现就是在光强条件下,有无声音灯都不亮;光弱条件下,无声不亮,有声亮。由此可见,在白天或光线充足时,由于光敏电阻的作用,即使有声音到来也不会开启灯 L。在晚上或光线较暗时,光敏电阻 RG 阻值较高失去控制作用,只要有声音来,灯就会开启,且经过一段时间的延时后熄灭。

任务实施

　　1. 元器件及材料清单

　　按元器件及材料清单清点元器件(表7-4-1)。

表 7-4-1　元器件及材料清单

序号	名称	型号规格	数量	元器件符号
1	电解电容	100 μF/25 V	1	C_1
2	电解电容	10 μF/10-50 V	1	C_3
3	贴片电容 0603	0.1 μF(104)	1	C_2
4	贴片电阻 0805	1 kΩ	2	R_1、R_7
5	贴片电阻 0805	100 kΩ	1	R_2
6	贴片电阻 0805	33 kΩ	1	R_3
7	贴片电阻 0805	10 kΩ	1	R_5
8	贴片电阻 0805	10 MΩ	1	R_6
9	1/4W 电阻	270 kΩ	1	R_4
10	贴片 IC	CD4011BM	1	IC
11	灯	12 V	1	L
12	驻极体话筒	6050	1	MIC
13	光敏电阻	5 mm	1	RG
14	小立式可调电阻	100 kΩ	1	R_{P1}
15	小立式可调电阻	1 MΩ	1	R_{P2}
16	小立式可调电阻	20 kΩ	1	R_{P3}
17	直插二极管	4001	5	VD1~VD4、VD6
18	贴片二极管	4148	1	VD5
19	1/2W 稳压二极管	6.2 V	1	VS
20	单向晶闸管	100-6	1	VT1
21	TO-92 三极管	S9014	1	VT2
22	5 mm 热缩管	长度约为 25 mm	1	配 RG
23	专用电路板	36 mm×55 mm 双面	1	

2. 熟悉装配图

对照原理图(图 7-4-3)看懂装配图(图 7-4-5),将图上的电路符号与实物对照。

3. 检查电路板

检查印制板看是否有开路、短路、隐患。

4. 装接

具体装配方法参照"简易红外测距电路"的装配方法。

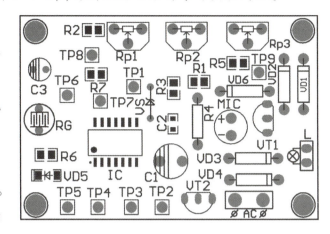

图 7-4-5　声光控延时开关电路装配图

5. 通电验证功能

1)模拟晚上无光时,用声音将灯开启。将光敏电阻用热缩管封住,此时拍手,发出声音,灯光应立即开启,并延时一段时间后自动熄灭。

2)白天或光线较强时,将光敏电阻上的热缩管取下,此时拍手,发出声音,灯光应不能开启,说明光控正常。

6. 调试

1)检查电路连接是否正确,确保无误后将输出电压为 12 V 的交流电接到电路板的 AC 处。

2)话筒静态工作点调试。调节 R_{P3} 并用直流电压表 10 V 挡监测驻极体话筒两端电压,调到 3V 左右,R_{P3} 为驻极体话筒工作点调节电位器。

3)三极管静态工作点调试。先将 C_2 开路,调节 R_{P2} 并用直流电压表 10 V 挡监测 VT2 的集电极对地电压(TP2 点),调到 0.5 V 以下,让 VT2 静态时工作于浅饱和状态。调试好后,将 C_2 恢复。R_{P2} 为放大电路工作点调节电位器。

4)调节光控的强度。为模拟晚上无光的状态,应先将光敏电阻 RG 用黑色布封住,不能有光漏到光敏电阻上,再调节 R_{P1} 并用直流电压表 10 V 挡监测 IC 的 2 脚电压(TP3 点),调到 5V 以上。R_{P1} 为光控灵敏度调节电位器。

7. 测量

将光敏电阻的光线完全遮挡住,分别测量灯点亮与不点亮状态下电路中各点电压,并填入表 7-4-2 中。

表 7-4-2　声光控延时开关电位测试记录表

灯状态	电路测试点电位/V					
	TP1	TP3	TP6	TP7	TP8	TP9
灯不亮						
灯亮						

8. 考核评价

完成任务并填写考核评价表(表7-4-3)。

表7-4-3　考核评价表

项目		配分	评分标准或要求	自评	组评	师评	得分
工具准备		5	所使用的实训工具选择准确,准备齐全,摆放到位				
元器件的识别与检测		15	元器件含有质量问题没有发现,每错一个扣4分,元件漏检或错检每处扣2分				
元器件插装焊接		10	1. 元器件安装不符合工艺要求扣2分 2. 元器件错装、漏装,每个扣2分 3. 焊点不符合要求,每点扣2分 4. 元器件排列不整齐扣8分				
电路装配		20	1. 接线安装位置正确可靠,出现短路连接扣10分 2. 不能正常工作扣10分				
电子产品功能调试与检测		15	灯不亮或不按要求亮扣5分,存在故障不能排除扣10分				
电路参数测量		20	按规定要求完成相关参数的测量,一处测量错误扣2分,扣完为止				
6S	工具排放着整齐	3	工具或零件放在地上一次扣1分,最多2分				
			工具、仪表使用后未及时复位扣1分				
	设备归位	3	设备未及时归位,场地杂物未及时清理扣3分				
	废弃物清理,场地清洁	4	所用设备、工具及时复位,一项不到位扣1分,扣完为止				
	严格遵守安全操作规程	5	不遵守安全操作规程的扣5分				
总配分		100		总得分			

交流改进总结:

▌知识拓展

具有触摸功能的多用声光控延时开关电路简介

　　将声光控延时开关电路稍做改进，即可集多种控制延时开关功能于一体，下文介绍的电路可以实现声控、光控、触摸、声控+光控、光控+触摸共 5 种延时控制功能，不同功能的切换只需通过跳线帽的短接与否进行转换，方便对各种控制原理的理解，也可以实现组合功能控制。

　　声光触摸多用延时开关电路原理图如图 7-4-6 所示，本电路主要由极性转换电路、稳压供电电路、声音感应放大电路、触摸感应电路、光线感应比较电路、触发延时电路、导通控制电路等组成。

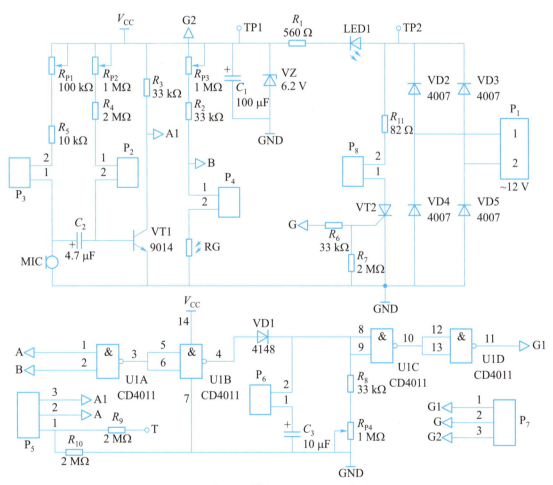

图 7-4-6　声光触摸多用延时开关电路原理图

　　各短路端子功能说明：P1 为交流电源输入端子。P2 可用来测量三极管的静态工作点，正常使用时应用跳线帽短接。P3 用来测量话筒静态工作电流、电压，正常使用时应该用跳线帽短接。P4 用跳线帽短接时表示光敏电阻参与控制，否则不起作用。P5 用跳线帽将

2、3 脚短接声控部分参与控制,1、2 脚短接触摸部分参与控制,触摸点在 PCB 上标志位"T"。P6 用跳线帽短接时延时部分电路有效,否则无延时效果。P7 用跳线帽将 2、3 脚短接可直接触发晶闸管导通。1、2 脚短接表示通过前级的各种控制电路来控制是否触发晶闸管导通。P8 为灯或负载接线端子。

声光控功能:将各功能端子正常连接,交流电压从接线端子 P1 输入,经 VD2~VD5 完成极性转换,形成脉动直流电压,经 LED1、R_1 限流,VZ 稳压,C_1 滤波,为控制电路提供 6.2 V 直流供电电压,LED1 兼做电源指示灯,当白天有较强光线照射时,光敏电阻 RG1 电阻较小,使与非门 U1A 的一个输入端始终为低电平,U1A、U1C 输出高电平,U1B、U1D 输出低电平,晶闸管截止,灯不亮。当晚上没有光线照射时,光敏电阻 RG1 电阻很大,使与非门 U1A 的 2 脚输入端始终为高电平,如果没有声音,VT1 的导通电流会使 U1A 的 1 脚输入端为低电平,灯仍然不亮。当有声音时,驻极体话筒感应的信号经 C_2 耦合后送到 VT1,使 U1A 的 1 脚输入端瞬间出现高电平,此时 U1A 输出低电平,U1B 输出高电平并经 VD1 对 C_3 快速充电,使 U1C 输出低电平,U1D 输出高电平,晶闸管导通,灯点亮。由于 C_3 储能的原因,这种状态会一直保持到 C_3 放电完毕灯才会熄灭。

触摸功能:只需将 P5 接线端子的 1、2 脚用短路帽短接,声控部分即可被触摸信号取代,工作原理同上,完成触摸光控延时功能。如果将光控端子 P4 断开,光控功能将失效,可以单独完成声控或触摸控制功能。

各可调电阻的功能:R_{P1} 可以调节声音的灵敏度;R_{P2} 调节三极管静态电流,事实上也调节了声音的起控点;R_{P3} 调节光线的起控点;R_{P4} 调节延时时间。

本电路改用 220 V 交流供电,只需将 R_{11} 短路,将 R_1 调整为 200 kΩ 左右,同时换相应电压的灯。如果将灯改为其他负载或交流接触器,本电路也可以实现其他控制功能。本办法同样适用于低压型声光控开关。

参 考 文 献

［1］陈振源 . 电子技术基础［M］. 3 版 . 北京 : 高等教育出版社 , 2019.

［2］张金华 . 电子技术基础与技能［M］. 3 版 . 北京 : 高等教育出版社 , 2019.

［3］陈其纯 . 电子线路［M］. 北京 : 高等教育出版社 , 2006.

［4］赵景波 , 周详龙 , 于亦凡 . 电子技术基础与技能［M］. 北京 : 人民邮电出版社 , 2008.

［5］伍湘彬 . 电子技术基础与技能 .［M］. 3 版 . 北京 : 高等教育出版社 , 2020.

郑重声明

高等教育出版社依法对本书享有专有出版权。任何未经许可的复制、销售行为均违反《中华人民共和国著作权法》,其行为人将承担相应的民事责任和行政责任;构成犯罪的,将被依法追究刑事责任。为了维护市场秩序,保护读者的合法权益,避免读者误用盗版书造成不良后果,我社将配合行政执法部门和司法机关对违法犯罪的单位和个人进行严厉打击。社会各界人士如发现上述侵权行为,希望及时举报,本社将奖励举报有功人员。

反盗版举报电话 (010)58581999 58582371 58582488

反盗版举报传真 (010)82086060

反盗版举报邮箱 dd@hep.com.cn

通信地址 北京市西城区德外大街 4 号
        高等教育出版社法律事务与版权管理部

邮政编码 100120

防伪查询说明

用户购书后刮开封底防伪涂层,利用手机微信等软件扫描二维码,会跳转至防伪查询网页,获得所购图书详细信息。也可将防伪二维码下的 20 位密码按从左到右、从上到下的顺序发送短信至 106695881280,免费查询所购图书真伪。

反盗版短信举报

编辑短信"JB,图书名称,出版社,购买地点"发送至 10669588128

防伪客服电话

(010)58582300

学习卡账号使用说明

一、注册/登录

访问 http://abook.hep.com.cn/sve,点击"注册",在注册页面输入用户名、密码及常用的邮箱进行注册。已注册的用户直接输入用户名和密码登录即可进入"我的课程"页面。

二、课程绑定

点击"我的课程"页面右上方"绑定课程",正确输入教材封底防伪标签上的 20 位密码,点击"确定"完成课程绑定。

三、访问课程

在"正在学习"列表中选择已绑定的课程,点击"进入课程"即可浏览或下载与本书配套的课程资源。刚绑定的课程请在"申请学习"列表中选择相应课程并点击"进入课程"。

如有账号问题,请发邮件至:4a_admin_zz@pub.hep.cn。